JN307557

戦争と資本主義

ヴェルナー・ゾンバルト

金森誠也 訳

講談社学術文庫

はじめに

戦争勃発に対する関心が、きわめて強く人々を捕らえているこの時期に本書が刊行されたのは、まったくの偶然である。戦争はわれわれの文化生活に対し、そもそも男性が諸民族の運命を規定するかぎり、独特の大きな意味をもってきたし、また今後とも、もちつづけるであろう。これを正当に評価するためにも、本書は、人々に心の準備を促すことであろう。特に本書は、戦争と経済生活との関連を洞察する上に役立つであろう。ところが奇妙なことに、これまでこうして、関連を組織的に解明することを、なんぴとも価値ある仕事とはみなさなかった。わたしの研究が到達したきわめて特殊な成果はわたしの研究に正当性を与えるであろうし、また本書に、せまい経済史の問題の限界を越えた、いくつかの価値を与えてくれるだろうとわたしは考えている。それは、専門家として、他の人々が――こんどの場合では、なかでも教養ある将校たちが――わたしの研究に関与してくれたことがつねにわたしの念頭にあるからだ。

リーゼンゲビルゲのミッテル－シュライベルハウにて

一九一二年十　月十二日

目次

はじめに……3
序文……9
第一章　近代的軍隊の誕生……31
1　新組織形式の形成　31
2　軍隊の拡大　55
第二章　軍隊の維持……76
1　軍の財政　76
2　軍備の基本原則　97
第三章　装備……106

1　火薬の導入　106
2　装備の更新　112
3　兵器の需要　119
4　増大する武器需要の充足　126
第四章　軍隊の給養……159
1　糧食給養組織　159
2　食料の需要　168
3　軍隊の給養の国民経済学的意味
——付録　兵の補充　177
第五章　軍隊の被服……202
1　被服組織　202
2　軍服　209
3　軍服需要の増大、軍服の統一
ならびに規格化の経済生活に対する意味　219

第六章　造　船……234
1　造船の経済生活に対する意味　234
2　船舶の量　236
3　船舶の大きさ　242
4　造船のテンポ　253
5　造艦の組織　257
6　造船材料の供給　266
参考書目と文献……283
I　軍事科学文献の紹介　283
II　文献の典拠　292
訳者あとがき……320

戦争と資本主義

序文

戦争の二つの顔

近代資本主義の始めを考察し、それを誕生させた外的なもろもろの状況を思い浮かべるとき、十字軍の戦いからナポレオン戦争にいたるまでくりひろげられた永遠の係争と戦争に注目しないわけにはいかないであろう。イタリアとスペインの両軍は、中世後期には唯一の軍隊であった。英仏両国は十四世紀から十五世紀にかけての百年間にわたって戦った。ヨーロッパにおいて戦争がなかった年は、十六世紀においては二十五年、十七世紀においてはただの二十一年にすぎなかった。したがって、この二百年間に戦争があった年は、百五十四年になる。オランダの場合、一五六八年から一六四八年までの間、八十年が、そして一六五二年から一七一三年までの間は、三十六年が、戦争の年であった。百四十五年のうち百十六年は、戦争の年であったわけだ。そしてついに、相次ぐ革命戦争の中で、ヨーロッパの民衆は、最終的な巨大な衝撃を体験する。ところで、そのさい戦争と資本主義との間になんらかの関連があるに違いなかったことは、ちょっと考えただけでも、確実だと思われる。しかもしばしば、この関連がいやというほどはっきりと確認されている。だがわたしの知るかぎり、たとえ資本主義と軍事との関係が話題になったとしても、人々はつねに、ただ戦争を資本主義の発展の結果とみなすだけで、資本主義が諸国民の政策に及ぼした影響をけっして考えなかった。

だが疑いもなく、その影響はきわめて広い範囲に及んだ。イタリアの共和国同士の戦争や、これらの国々がボスポラス海峡に面する国々を相手どって行った戦争、それに十六、十七、十八世紀における戦争の大部分において、「資本主義的関心」を動機として取り上げるのにはなんの苦労も必要としない。これらの戦いは、まったく――飼料場をめぐる争いであった。それは次のように総称されている。

「フランス人が一五五六～五九年にかけて失敗したことを、オランダ人は彼らの『独立戦争』(一五六八～一六四八年)中に成功させた。それは、スペインの植民地の力、世界貿易における優先的地位を打破することであり、スペインの国民経済生活の進展を阻止することであった。資本主義の中心はオランダに置かれた。この点に成功する寸前に、オランダは再び、同国の発展を憎々しげにみつめる嫉妬深い隣国に遭遇した。イギリスのクロンウェルはオランダと戦端を開いた。すなわち、一六五一年に英国航海条例が発効し、一六五二年から一六五四年までは貿易戦争が行われたのである。イギリスに与《くみ》して、一六七二年にはフランスとスウェーデンが興隆するオランダに戦いを挑んだ。その後しばらくの間、フランスが指導的な資本主義国となった。一時は、あたかもフランスの商業が、スペインの植民地所有と合体するかのように思われた。ところがこれを妬む国々が現れた。ドイツ、オフンダ、それにイギリスは一六八八年から九七年にかけて、強力に発展してきたフランスに対して共同戦線をはった。そしてイギリスとオランダはスペイン継承戦争（一七〇一～一四年）においてフランスを相手どり、スペインの植民地獲得を争い、成果をあげた。ついに、最終的にもっとも強力であったフランスとイギリスが争った（一七五六～六三年）。この戦争の結果、イギリスが勝利者として出現し、これによって世界市場におけるその卓越した地位をきずきあげた」。

たしかに、なんらかの大戦争を、ちょうど他の世界史上の出来事と同じように、またもや、その経済的制約のなかで認識することを得意とする時代もあった。

この「唯物史観」をわれわれの唯一の指針とすることは、ぜひとも中止させねばならない。唯物史観は、その任務を果たした。だが、われわれは再び前進せねばならない。歴史の「経済的観察」は約三十年にわたって活躍したあと、いまや引退する時が来た。そのさい、われわれは、ちょうど老いぼれた忠実な下男を、隠居させるときのような気持ちでこれを引退させるのである。なにも老下男が役に立たなくなったからではなく、彼が齢老いたために、きちんとした仕事ができなくなったからである。だからといって彼が依然として尊敬されていることにかわりはない。

なにもわれわれは、「唯物史観」が誤っているとして、これを放棄するのではない。「唯物史観」は他のなんらかの総合的歴史観とくらべ、一層誤っているわけでも、一層正しくないわけでもない。われわれがこれを捨てるのは、もはやなんらの成果もあげえなくなったからである。これは、いかにも非生産的になった。これが備えていた金鉱脈は枯渇《こかつ》した。なぜなら実際に、唯物史観の助けをかりて、このところ認識されるようになった物は、たんにがらくたと石ころばかりだからだ。それに政治的党派のプログラムとなって以来、唯物史観はまさに子どもをおどすため人が扮装したお化けになってしまった。

そこでわれわれは、ぜひとも「戦争と資本主義」の問題を、史的唯物論にとらわれた見解から解放せねばなるまい。そして、われわれは、問題をもう一度逆転させ、どのくらい戦争は資本主義によって生じたかをたしかめるのではなく、どの程度、そしてなぜ、資本主義が戦争の影響をこうむっているかを調べることによってこそ、この解放作戦を、もっとも適切に展開できるのである。

わたしの見るかぎり、そもそもこの問題が厳密な形式の中に、置かれたことはない。たしかに、経済生活にとって戦争のもつ意味を扱った多くの研究がみうけられるが、この理解はしっかりと行われてはいない。もし、われわれの観察をきわめて正確に、完全にこれと決まった経済組織に向けなかった場合には、われわれはあてずっぽうな研究をするだけだ。「歴史家よ反省せよ！」。

戦争が及ぼす影響というのは、そもそもどんな方式であろう？　まずはじめに、大雑把な表現で経済生活への影響をただすならば、われわれに示される最初のもっとも重要な影響、いやそればかりでなく、一見、唯一の影響は、明らかにすべての戦争と厳密に結びついている破壊であろう。

破壊者としての戦争。これは、物質的文化への戦争の影響に直面するとき、われわれ全員の念頭に浮かんでくる形姿である。「戦争の狂気が、国土を通過する」。都市は略奪される。村や畑は荒廃する。すべての家は放火され、家畜は国土をさまよい、種子は踏みつぶされる。生きのびた住民も飢えに苦しむ。

とりわけ三十年戦争当時のドイツのありさまの描写を知らない者があろうか。ローベルト・ヘニンガーは最近、再びこのありさまをわれわれの記憶の中に呼び戻してくれた[1]。しかしこれは十六世紀から十七世紀のあいだに、多くの国の中で繰り返された。とくにフランスは、戦争の恐怖にひどくさらされた。

「いたるところが廃墟と化した。大部分の家畜が殺されたので、もはや耕作できなくなり、国土の広い地域が荒地となった」。このようにヴェネチアの外交使節ガバーリは一五七四年に述べている。

一五九五年の官庁の布告は、「ほとんどすべての村落が無人となり砂漠となった」。そのため「労働が一般的に休止された」という。

「次のことが判明した」と、一五九七年、有力者たちの会合が宣言した。「戦前は羊毛のシーツの生産が、いまの四倍はあったということだ。かつてはシーツが八〇〇枚生産されたブリ河畔の地区では、今やなんとその半数も生産されていない」。

いつもは泰然自若とした人々ですら、バランスを失うほど動揺した。

「通常の平静な時期には人々は、事件に備えて落ち着いて、協力している。ところがこの三十年間、われわれが直面している混乱にさいしては、フランス人全体が特殊な面でも、一般的な面でも、毎時間、おのれの運命が完全に逆転する破目に陥っている」（モンテーニュ）。

それでは、永遠の戦争の最悪の結果はなんであろうか？ それは退職した傭兵や貧乏になった貴族が、群盗になることである。群盗の一味は、国中を横行する。これは都市の住民や農民にとって、まさに鞭打ちの刑である。とどのつまり住民自体が狂暴になる。彼らは以前のように冷静でも誠実でもなくなる。災害、流血を目撃するにつれ、戦争が彼らを狡猾にし、粗暴にする。このことをカバーリの報告は再三記している。

われわれは今日、これらの描写を誇張とみなすことを学んだ。われわれは、同時代の著述家が戦争の災害を語り始めたとたん、過度の表現をしたと思っている。人々は結局、ある種の哀愁に囚われて歌うのだ。だがとにかく、傭兵によってかなり多くの災害を市民や農民がこうむった。

われわれはそればかりか、ある国土については長い戦争の間に、国民経済が受けた被害について数字の裏づけのある資料を入手している。これはわたしの知るかぎり、一昔前の記録としては唯一のものである。そしてその国土とは、スペイン継承戦争中のピエモンテ〔北部イタリア西部地方、主都トリノ〕である。その災害の計算は次のとおりである。[2]

敵によって生じた火災　　四一八万四六〇八リーブル

味方によって生じた火災	六九万一八二六リーブル
敵に略奪された家畜	一四九万二〇三二リーブル
味方に略奪された家畜	三二万五四一二リーブル
敵に略奪された家具、食料の損失	一六三二万二二三五リーブル
味方に略奪された家具、食料の損失	四九八万五六三七リーブル
敵による果樹の破損	三八一万八八二リーブル
味方による果樹の破損	二三三万五六八〇リーブル
敵に支払った軍税	三一七万七〇九三リーブル
合計	三七三二万五四〇五リーブル

当時のピエモンテ地方の人口は一二〇万であった！

そうはいうものの、このような破壊から生じた経済生活に不都合なもろもろの後遺症は、どうやらそんなに長くはつづかなかったようだ。三十年戦争が、とくにドイツの経済的後退と、その長期にわたる後進性に責任があるとする見方は、事実をよく知らなかったことから生じている。フランスは十六および十七世紀に三十年以上にわたる戦争を体験し、それでいて十七世紀末期にはヨーロッパで第一の貿易国、工業国であった。

しかし戦争は、村落や種子よりもっと多くの物を破壊した。そして経済生活の動きに対する戦争の悪影響は、もっとも悲惨な戦争災害の描写が示すものよりも、ずっと大きかった。

だがこのことを、われわれは、前述の正しい問題の捕らえ方を受容し、資本主義的経済組織の発展にとって戦争がいかなる意味をもっていたかという問題を、きわめて正確に探究することによってのみ理解される。そうした場合、とりわけ戦争が疑いもなく、そうした発展を抑止したことや、戦争が資本主義にとって、たんに局所的ではない障害を意味することがわかる。

　わたしはここではしばしば、通商関係の断絶、あるいは過度の重税など、戦争によって引き起こされたもろもろの負担、あるいは不安定な輸送関係、はたまた国家破産によって起こる、既存の資本主義的構造の破綻をけっして考えているわけではない。わたしはただ、戦争の破壊的性質のいずれにとっても、きわめて特徴的ないくつかの実例をあげるにとどめようと思う。

　フランスのオランダ向け輸出額は、一六八六年には七二〇〇万リーブルであり、そのうち五二〇〇万リーブルが工業製品であった。ところが一七一六年には三〇七〇万リーブルで、そのうち工業製品は二三三万八〇〇〇リーブルであった。[3] 一五九四年、スペインの貴族は一〇〇〇ドゥカーテン（金貨の名）の資金から三〇〇ドゥカーテンを支払わねばならないときに、どうして貿易など行えようかと嘆いた。三年間で資金は枯渇した。[4]

　オランダ東インド会社は一六九七～一七七九年に東インドの軽量貨幣で四一二七万五四一九フロリンの損失をこうむった（これはオランダの重量貨幣に換算すると三三〇二万三

三五フロリンにあたる)。それにもかかわらず、この会社は、この商業活動によって莫大の利益を得た(一七七六〜七七年、五〇パーセント。一七七八〜七九年、五五パーセント)。会社の損失は、この会社の敵国内で自社を保持するために行わねばならなかった巨額の出費に由来する。「もしこの会社がたんに商人の集まりであったなら、その頃でも業務の後退などということはけっして話題にならなかったであろう。ところがこの会社は同時に主権者であり、行政上の損失がすべての商業による利益を吸い上げてしまった。しかも商業上の利益でもまだ不十分であった。なぜなら商人は領主が消費したものを支払わねばならなかったからである」(5)。

ブリングキオは十六世紀のはじめ、北部イタリアのピアヴェ渓谷のアウロンツォ付近で銅と銀の鉱山を開き、おおいにこれを発展させた。その後のなりゆきについて彼は次のように報告している(6)。

「もしマクシミリアン皇帝とヴェネチア市長との間に戦争が起こらなかったならば、われわれは確実にこの鉱山から多くの利益をあげたであろう。ところがこの戦争によって、フリアウルとカルミア地方が無人地帯となり、われわれもやむなく事業を放棄した。しかも、われわれがあそこにつくったあらゆる施設も破壊せざるをえなかった。もしこの戦争が長期戦になったなら、われわれの会社も、ついにつぶれてしまっただろう」。

またフランス東インド会社(一六六四〜一七一九年)は、ルイ十四世のもろもろの戦争にともなって、海軍をあらゆる海洋と海岸に出動させるにいたったあの不隠不安定な状況に直面してつぶれてしまった。この会社が存続した五十五年間のうち二十七年間、海戦が行われた⑺。

一五七五年におけるスペインのフェリペ二世の国家の破産は、セビリア、ローマ、ヴェネチア、ミラノ、リヨン、ルアン、アントウェルペン、アウグスブルクなどの諸都市の商家に壊滅的打撃を与えた。とりわけジェノヴァの人々が苦労した。「貸方は一般にこの改革によって不景気となった」とフッガー家に対してアントウェルペンから報告された。「この二つの破産は」と、セヴィリヤからトーマス・ミュラーは手紙に書いた。「まるで半端な判決のように多くの損害を与えた。なぜならこれによって、従来全員を養ってきた西インド貿易が完全につぶされたからである。スペインの国民経済はこの破局のあとは、たんに荒涼たるがれきの山となった⑻」。

わたしは、むしろ資本主義を育てあげる萌芽をつぶすことによって戦争が資本主義の発展に及ぼす一層重要な障害について考えてみるつもりだ。この萌芽は、中世のはじめから、なんども繰り返し、何千もの源泉から流出してきた資本となりうる財貨の中に秘められていた。これらの財貨を、戦争が何回も、数百年にわたり、資本に転化することを妨げた。それというのも、戦争がそれらを自己の目的のために利用してきたからである。はっきりした洞察を備えて世間をわたり歩いていた者は、大昔から個人の財産が商工業をうるおすかわりに、とりわけ戦争目的に使われる国庫の中におさめられたという事実を見のがすわけにはいかなかった。金持ちになんの苦労もなく、巨大な利益を約束する公債は、まずはじめは大口《おおぐち》の財産を、ついで大小を問わずもろもろの財産を吸収し、したがって資本蓄積を妨げることとなった。

このことはとくに十八世紀、商売に関心のあるすべての人々をたえず嘆かせた。

イギリスでは、

「もちろん、あらゆる賢人はおのれの資金を商業から引き出し、これをよりすぐれた市場である国庫に運んでゆく。そのとき――すなわちウィリアム三世のとき――政府支援のため、少なくとも二〇パーセントから三〇パーセントの収益をしっかり入手できた。支援した金は、数年後に完済されたので、これを再び新しい担保にして貸し出した。あまりたいしたことのない財源にもかかわらず利益のあがるこの交易は、なんと六十年間に、八〇〇〇万ポンドの利益を生んだ。本来、所有者によって商業目的に使われる資金を、公的資金が一人占めにした(9)」。

フランスでは、

「商業を養い工業を育てあげるためのこれらの資金は、永遠に国王の金庫の中に姿を消してしまう。国王の金庫は吸収できるすべての人々を引きつける……」。

「資本家の財布は富を招く。これは法を曲げ、流通を乱し、農業、工業、商業にとって異質のものとなる。そして投機業を容認する。まことに不幸である」。

「わたしは閉鎖された大邸宅の前を嘆息せずには通過できない。わたしは言いたい。この邸宅から王国のすべての党派の暴力によって無理やり資金が引き出されたのだ。なんと長い骨の折れる苦労のあと、資金は変容して国庫の中におさまっていくことだろう[10]」。

オランダでは、

「なんぴとも、おのれの資金を商工業や農業に投資しようとせず、全員が富者になりたいと望み、そのためおのれの資金を外国に投資しようとしている。なんともなげかわしいことだ[11]」。

そして歴史は、彼らが人々が正しく観察していたことを教えてくれる。中世以来、都市と王侯が借金をするようになって以来、貯金のある者すべてにとって、彼らの金を王侯と都市への貸与という形で、投資するのが当然であるとされた。個人的債権者として、富者はたんに資金を王侯にもたらすだけであった(もちろん部分的には、すでにイギリス王にバルディ家とペルッツィ家がそれぞれ貸し出した金についてヴィラーニが伝えているように、王侯の資金は寄託金から流入してきた)。

その後、株式による貸金、そしてとくに非個人的貸金が出現するようになると、零細な小市民の貯金も、国庫に流入するようになった。

一三五三年と一三九八年、ヴェネチアでは、国債の収益の分け前を獲得するために家屋が売却された[12]。

アンリ二世をかつぐ大党派が一五五五年にもっていた人気について、ある同時代者は次のように書いている。「この過度の収益をめざす欲望が、いかに人々を刺激するかははっきりしている。あらゆる人が、おのれの金を大党派に投資しようとけんめいになっている。それこそ使い走りの青年すら、おのれの貯金をこのためにはたいている。大党派に関与するため、婦人は装身具を売り、未亡人は年金を提供している。ひとことでいえば、火事が起こったとき、人々が現場に駆けつけるのと同じだ[13]」。

この方式で資本形式（まずはじめに——すなわち直接の方途で）から引きぬかれた巨大な金額についての概念を与えるために、わたしはここで、中世から十九世紀のはじめにかけて、もろもろの重要な都市国家と大国が備えてきた債務総額を伝えよう。

この関係でも模範を示したのはまず、イタリアの諸都市である。

1　イタリア

ジェノヴァの通常の（流動しない）債務は一二五七年にさかのぼる。一三二二年のジェノヴァ市の国債は八三万一四九六リーブルになり、それに八～一二パーセントの利子がつけられた。一三五四年、累積債務は二九六万二一四九リーブル九シリング六デニーに達した。一三七八～八一年のヴェネチアとの戦争においては、平均して一〇万フロリンにのぼる一〇個の強制国債が八パーセント増加した。したがって十四世紀末には、上述の約二九〇万リーブルの負債になお二五〇万リーブルの負債が加わった。一四七〇年にはジェノヴァ市の負債は一二〇〇万リーブル、一五九七年には四三七七万リーブルとなった[14]。

フィレンツェの国債は、一三八〇年が一〇〇万フロリン金貨、一四二七年が三〇〇万フロリン金貨となっている。一四三〇年から一四三三年にかけて、七〇家族が税金の口座に四八七万五〇〇〇フロリン金貨を支払った[15]。

ヴェネチア共和国の総督モチェニーゴは、生存中に四〇〇万ドゥカーテンを消費したあと（一四二三年）なお、六〇〇万ドゥカーテンの債務を残した。一五二〇年、ヴェッキオ銀行の財産は八六七万五六一三ドゥカーテン一四グロッシェンにのぼった[16]。

2　フランス

一五九五年[17]　二億九六六二万二五二リーブル
一六九八年[18]　二三億五二七五万五〇〇〇リーブル
一七一五年[19]　三四億六〇〇〇万リーブル
一七二一年[20]　一七億七三万三二九四リーブル
一七六四年[20]　二一億五七一一万六六五一リーブル
一七八九年[20]　四四億六七四七万八〇〇〇リーブル
一八〇〇年[21]　四〇二一万六〇〇〇リーブル（利子）
一八一四年[21]　六三三〇万七六三七リーブル（利子）

3 オランダ

一六六〇年[22]	一億四〇〇〇万グルデン
一六九八年[18]	二五〇〇万ポンド

4 イギリス[23]

一六〇三年	四〇万ポンド	
一六五八年	二四七万四二九〇ポンド	
一七〇一年	一六三九万四二〇二ポンド	スペイン継承戦争
一七一四年	五四一四万五三六三ポンド	
一七二七年	五二〇九万二二三五ポンド	
一七三九年	四六九五万四六二三ポンド	
一七四八年	七八二九万三三一三ポンド	
一七五五年	七四五七万一八四〇ポンド	英仏間の七年戦争
一七六二年	一億四六六八万二八四四ポンド	
一七七五年	一億三五九四万三〇五一ポンド	アメリカ独立戦争
一七八四年	二億五七二一万三〇四三ポンド	
一七九三年	二億二一七三万五〇五九ポンド	ナポレオン戦争
一八一六年	八億八五一八万六三二三ポンド	

5　ヨーロッパ

一七一四年(24)　三億ポンド

これらの数字のなかに、資本主義が受けた巨額の重い損失が確実に表されている。しかし、それでもなおかつ戦争がなければ、そもそも資本主義は存在しなかった。戦争は資本主義の組織をたんに破壊し、資本主義の発展をたんに阻んだばかりではない。それと同時に戦争は資本主義の発展を促進した。いやそればかりか――戦争はその発展をはじめて可能にした。それというのも、すべての資本主義が結びついているもっとも重要な条件が、戦争によってはじめて充足されたからである。

とりわけわたしは、十六世紀と十八世紀の間にヨーロッパで進行した資本主義的組織の独自の発展の前提となった国家の形成について考えている。とくに説明する必要はないが、近代国家はひたすら軍備によってつくられた。それは近代国家の外面、国境線、またそれに劣らず内部の構成についてもいえることだ。行政、財政は、近代的意味において、戦争という課題を直接果たすことによって発展した。十六世紀以降の数世紀においては国家主義、国庫優先主義、軍国主義は、まったく同一であった。なんぴとも熟知しているように、植民地は大勢の人々の血を流した戦闘によって征服され、防衛された。中近東のイタリアの植民地から始まってイギリスの大植民地帝国にいたるまで、植民地は他国民を武力で駆逐することによって獲得された。

植民地は先住民との戦いの中で征服された。また植民地はしつこく戦いを挑んでくるヨーロッパの諸国民との戦いの結果、征服された。たしかに異民族との貿易においては、ある特定の国に利益を与えるといった外交的な巧みさや、あるいはたまには効果をあげたかもしれない、先住民の王侯との間に結ばれた多くの条約をわれわれは知っている。そしてこれらの条約の中で、ヨーロッパ国民にはありとあらゆる種類の特権が認められることになった。とくに半分くらい、あるいは完全に文明化された諸国民を相手どることになる中近東の植民地においては、条約の締結がひんぱんに行われた。このような事態はアジアやアメリカでも行われるようになった。

フランス語ではこれらの条約は「フィルマン」と呼ばれている。その中では（たとえば一六九二年、デランドが、フランス東インド会社のために、シャンデルナゴールで、ムガール皇帝と結んだ条約）、次のような事項がとりきめられた。まずフランスの会社は、ムガール帝国の皇帝に四万コープを支払った。そのうち一万は即金で、あとは五〇〇〇コープずつの年賦ということになった。これによりフランス人は、ベンガル、オリッサ、それにビハールの各州で、自由に交易する権利を得た。これはオランダ人が獲得しているのと同じ特権、同じ商慣習であった。なおフランス人はオランダ人同様、三・五パーセントの税金を支払った。

しかし、たとえこの種の協定がすばらしいものであったとしても、実施面ではなかなかうまくゆかなかった。そもそもこれらの協定が、先住民によって遵守されるかどうかについては、彼らの王侯に十分な敬意を払わせることができること、協定締結国に威力があることが前提となった。しかも依然として、あらゆる瞬間に軍備を背景に、おのれの権益を奪取する用意のある競争相手のヨーロッパ国家が残っていた。

このように昔からジェノヴァ人とヴェネチア人の植民地の歴史は永遠の戦いの歴史であった。しかもこの頃でも、もっとも大胆不敵にふるまった国が好条件の条約を獲得した。「この戦いの最中、(ヴェネチア) 共和国は本質的にはネグレポント市のおのれの宿営地を、すぐれた防衛状態におくことに専念した。おそらくこの措置が、彼らが一二七七年、再度、二年間の条約をミヒャエル・パレオログスと結ぶさい、より有利な条件を獲得するのに貢献したのであろう」(ハイド)[25]。

また十六世紀以来の西欧国民の植民地史についても事情は変わらない。戦闘的態度をとることによる力の誇示は、ここでも問題の鍵となっていた。

「にらみをきかせるためにフランス国王の艦船を派遣し、しかも、火薬や弾丸を一切惜しまないことが肝要だ。これこそオランダ人の誇りをくじき、イギリス、オランダ両国間の戦いを扇動し、つねに劣勢にある国を助けるために、重大な意味をもつ。……一度設立されたわがフランス東インド会社は、フランス国王陛下をインドの主人とすること以外することはないだろう」。

言葉だ。[26]これは、一六六八年付のフランス東インド会社の役員たちの覚え書きのなかにみられる

十七世紀以来、国家主権とくにまた軍事力や特権を保持する貿易会社に権限を委譲するのがならわしになっていたことは周知のとおりである。これらの会社は、これにより本質的に植民地の征服を任務とするようになり、これらの会社の間で飼料場をめぐる戦い（それがヨーロッパ以外の地で決まる場合）が行われた。こうした戦いにおいては、結局、国の軍事力の強大さが決め手となったこと、さらにこの勝利も平和的な商人によってではなく、巧みな専門業者や粗暴な海員によってかちとられたものであることは明らかである。「東インド会社の現場でトップを占める人々は、たんにすぐれた商人としての機能を果たす者たちとはまったく別の素質をもつ必要があったことが判明した。彼らの業務は全体について洞察することが必要な多様な仕事であった」。

つねに物事をはっきりとみつめていたF・マルタンは、このように本国に報告している。[27]そして、このことはすべての国民にあてはまった。そのため残忍、無遠慮で、戦争のかけひきにもっとも精通した者が、結局は、戦いの中で勝利をおさめた。

植民地獲得のさいの動きがどのようであったかについては、特にはっきりした実例が見受けられるアフリカ貿易会社の歴史が、好例を提供してくれる。

まずはじめに、アフリカはポルトガル人によって占領された。これと並んでイギリス人もしっかりした地盤を得た。エリザベス女王がある会社を優遇したからである。イギリス

人は、黄金海岸に最初の城塞を築いた。ついで彼らはガンビア河畔（スチュアート朝時代）にも城塞をつくった。一六二一年にはアフリカ西海岸とアメリカ東海岸の全土を入手する権利をもつオランダ西インド会社が設立された。しかもこの会社は、それらの土地を相手どる貿易を独占する権利を所有した。だがポルトガル人がこの会社にとって重要な土地をすでに所有していたところから、両者の衝突は避けられなくなり、まもなく戦闘が行われた。一六三七年にオランダ人は、アフリカにおける最初のポルトガル人の城塞を征服し、その後、正式には一六四一年の条約で、彼らの手中に入ることになる、すべての他の城塞を征服した。しかし、イギリス人がオランダの行く手をはばんだ。そこでオランダ人は、彼らに対してもおのれの貿易独占の権利を主張した。オランダは、渡来するイギリス商船を追跡するべく二隻の戦艦をつねに海岸近くに回遊させた(28)。そして、次の事柄が明らかになった。

（一）イギリスの私的な商人は、オランダ西インド会社の結束した勢力に対しては太刀打ちできない。

（二）関係各国間の条約には、あまり価値を置くことはできない（東インドの経験）。

（三）オランダ西インド会社のような敵に対抗するためには唯一の手段があるばかりだ。それはイギリスの商人も同様に、一つの会社に結集し、彼らが必要とするすべての権力の権限と特権をこの会社に与えることである。

この見解の結果として、一六六二年に「アフリカ貿易に従事する王立イギリス冒険者会社」が設立された。

こうして英蘭二つの会社の間で、秩序立った戦いが始められた。イギリス側も城塞を築き、軍艦を装備した。そのさい、どのくらいの費用がかかったかは次の数字が教えてくれる。アフリカ海岸の城塞の建設と維持のための会社の経費は、一六七二〜七八年には三六万ポンド、一六七八〜一七一二年には二〇万六〇〇〇ポンド、一七一二〜二九年には二五万五〇〇〇ポンド。合計すると五十七年間に八二万一〇〇〇ポンドになる！　しかしイギリス人は、その所有地について、もはやなんらわずらわされることはなくなった。しっかりした同時代の資料にもとづきこの報告を出したポストルスウェイトは、これにつけ加えて次のように述している。(29)

「この二百五十年間、（外国に土地を発見した）すべてのヨーロッパ国民の恒常的政策は、要塞をつくり城をきずくことであった。そして、こうした要塞をもったことで、全王国と広大な土地へ通ずる権利を要求し、この国と他の国との輸出入を排除することであった」。

ここで、植民地が近代資本主義の発展にとって、まずは模範像として、ついで志向ならびに能力のシンボルとして、はたまた市場の形成者としてもった、卓越した意義を思い浮かべてみよう。すると、それは戦争の成果であることがわかる。戦争が資本主義の本質の創造者であるとみなすためには、植民地の征服を見ればよいのだ。戦争には二つの顔がある。ここでは破壊し、あそこでは建設するのだ。

ただ、これだけを言うために、わたしはこのほど一冊の本を書いたわけではない。なぜなら、そのことをいわゆる「歴史家たち」全員が熟知しているからである。わたしが関心を抱いているのはむしろ、戦争がはるかに直接的に資本主義的経済組織の育成に関与したことを証明することである。なぜ関与したかといえば、戦争は近代的軍隊をつくり出し、そして近代的軍隊が資本主義的経済の重要なもろもろの条件を充足させたからである。ここで観察の対象となるもろもろの条件とは、資金の創出、資本主義の精神、そしてとくに大市場である。

これから行う研究は、軍国主義と資本主義との発展の間に存在するもろもろの関連をあきらかにするとの課題をもっている。わたしはひたすら、その発生をまず追究すべき近代の軍隊が、どのくらい①資金の創出者として、②志向の形成者として、③（とくに！）市場形成者として、資本主義の経済組織に協力したかを証明するべくつとめることにする。

わたしの記述が扱う時代は、近代軍隊の発生から十八世紀末までである。この期間は、近代資本主義の発展にとって、決定的な時代である。これは資本主義が目標と方向を獲得した発動期である。わたしはこの初期資本主義の時期にのみ、軍国主義が卓越した意味をもっていたと主張する。後世になると何千もの他の要素がまぎれこんでくる。その頃には、経済生活の動きに、何千もの他の推進力が加わってくる。こうした他の推進力は、それほど強力ではないにせよ、軍事的関心と同様に、高度資本主義が始まるまで、はっきりと支配的な影響力を及ぼすことになる。だがとくに、軍国主義は決定的に重要である。それというのも、まさにこの時期に、近代資本主義がその根本的特徴を経験したからである。

第一章　近代的軍隊の誕生

1　新組織形式の形成

理論的に可能な陸軍のあり方

一般的な軍隊のあり方は、さまざまな形態のなかで、次のようなもろもろの可能性を示している。

（一）組織の中核にもとづいて、われわれは、私的軍隊と国家（都市）の軍隊を区別する。一方、一つの共同体の中で個人（私人）が己自身あるいは他者のために戦うための軍を組織し、他方、公的——法的権力、すなわち、国家、階級、都市などの公共団体が軍をつくりあげるわけだ。

（二）それぞれの軍の存続期間にもとづいて、軍は常備軍と非常備軍（移動する軍隊）とに分けられる。一方では、軍は戦争という特別の機会がなくとも常に備えられており、他方では、軍はいざ必要という場合にのみ時間をかぎって結成される。さらに常備軍は現役か予備役かという二つの異なった形式をもつ。それは常備軍《ミーレ・ペルペトウス》が武装したまま維持されるか、あるいは市民を職業に帰休させているかによってちがってくる。常備軍の一部が武装し、他の部分が帰休している場合は、必要な幹部だけで編制された軍隊だと言うことができよう。

常備軍を一層狭く限定するならば、それは武装している兵士たちと理解することができる。初期の常備軍について語るときは、これしか考えられない。それというのも、その頃は帰休兵という考え方がなかったからである。

それと同様にはっきりしないのは（度合いの違いであって、本質の違いではないためになかなか限定しがたいのは）職業的軍隊の概念である。軍内部がすべて職業軍人すなわち長年己の力の許すかぎり（ちょうど現代ヨーロッパの現役将校のように）軍事にたずさわってきた人々のような軍隊を理解する場合にのみ、この概念は明白である。しかし他方では、職業的軍隊は、不十分あるいはまったく訓練を受けていない民兵とは逆に、長年兵役に就いている国民の軍隊でもある。

われわれの目的にとっては、こうしたさまざまなタイプの厳密な区別はさして重要ではない。もしヨーロッパの歴史が示すような、経験的なもろもろの軍の形態を示すことができれば、それで十分であろう。その後、詳細を公正に記述すればよい。

（三）　それでは軍隊の調達の方式に従って分類してみよう。この点では二つの大集団に分類できるように思われる。つまり、兵が徴集される軍と、志願兵が入隊する軍の二者に分けて考えるのが望ましい。これによって前者の場合、兵が入隊するときは（外的な）強制に従うこと、さらに本人が好まなくとも徴兵に応じなければならないことが示される（この際、本人が欣然《きんぜん》と、いや、そればかりか感動しつつ軍の召集令に従ってゆくかどうかはどうでもよい。この感情的な関係は、本書が取り上げ強調している個々の兵士と軍との法的関係とはまったく別である）。次に後者の場合、兵士本人は自由な決意にもとづいて行動していることがわかる（したがって本人が望まなければ入隊する必要はない）。

　強制される軍は、義務の起源と形式に従って、きわめてさまざまな性格をもっている。強制は、私法的にあるいは公法的に根拠づけることができる。私法的には、兵士は全人格を捉えられ、したがって「奴隷」として登場することになる。彼の軍務は彼が個人的に自由でないという事実にもとづいている。他方、別の場合には、彼の軍務は彼が一定の組織の一員としての特性から生ずる。戦士は農夫あるいは騎士あるいは臣民として徴集される。したがって徴兵された軍隊はこの方式で実現される。こうした軍隊は民族共同体のごく一部を包含する階級の軍隊であるか、あるいは民族共同体全体から生まれた国民軍のいずれかである。

　これに対し志願軍は、自由な決定にもとづいて武器を手にするようになった戦士たちからなる。彼らの決心が戦争で期待される最終的成果をめざしてなされた場合、あるいは彼らが祖国の防衛か、それともなんらかの他の権益を守るため大同団結した場合、われわれは本源的な意味での志願兵軍団について語ることができる。これに反し、もし彼らがすぐさま給与を支払われることを代償にして軍務につく場合、さらに彼らが報酬と引きかえに一定の業務遂行のために契約に従って募集された場合、まさに傭兵となる。

（四）軍隊の内的区分に従って、さらに個人的軍隊と集団的軍隊を区別することができる。その区別については、わたしは本書を執筆してゆくなかで詳述しようと思う。

わたしがここで取り上げた軍隊形式の分類は、通常のものではない。だが、この分類はとくに、次に述べるもろもろの観察を念頭におけば、目的にかなっているように思われる。たとえば常備軍と傭兵軍とが対照されているありさまを見ると、しばしば頭痛の種になる。これは単語の具体的《コンクレート》と凸《コンヴェクス》レンズの並置が示すような、似て非なるものの対照であろう（発音のみの類似）。こうした誤解に対しては、一定の軍の形式を区別する見方が実はきわめて多様であることを知ればよいのだ。

さらに、軍隊の異なったもろもろの種類が多様な方式で混合していることを忘れないようにすることも大切だ。国の軍隊が、常備軍であることもあれば、予備軍であることもある。傭兵軍であることもあれば、徴集された軍であることもある。職業軍人団でもあれば、民兵であることもある。さらに傭兵軍団が常備軍であることもあれば、予備軍であることもあり、私兵の集まりであることもあれば、国軍であることもある。

区別される軍隊組織の図式

Ⅰ　軍隊組織に従って

1　私兵軍

2　国軍

Ⅱ　軍隊の存続期（寿命）に従って
1　常備軍
(a)　現兵力（現役）の軍隊
(b)　不在軍（予備役）
(c)　別動隊の軍隊
2　非常備軍

Ⅲ　兵士養成期間に従って
1　職業軍団
2　素人軍団（民兵のあつまり）

Ⅳ　徴兵方式に従って
1　強制的軍隊
(a)　私法による軍（奴隷軍団）
(b)　公法による軍（召集軍団）
α　特定階級の軍隊
β　国民兵の軍隊

2　自由軍団
(a)　志願兵の軍隊
(b)　傭兵の軍隊（徴募軍）

V　内的分類に従って
1　個人的軍隊
2　集団的軍隊（大衆軍、部隊組織の軍隊）

陸軍

軍隊の歴史についてのもっともすぐれた識者たちの間でも、近代軍隊の発生をいつと見るべきかについて論争が起こっている。フランスではシャルル七世の勅令による中隊の制定（一四四五年）が近代フランス軍の起源となる出来事と、長い間、かなり一般的にみなされてきた。ところが最近になって、シャルル七世の子息、いや、そればかりかフランソワ一世、あるいはもっと後の王たちをフランス軍の創設者であるとする意見が出てきた。イギリスについては、一六四三年あるいは一六四五年が建軍の年とみられる一方で、近代軍隊の端緒を一五〇九年、あるいはもっとそれより以前に置く見方がある。プロイセン軍についてては、たしかに大方の意見では大選帝侯〔フリードリヒ・ヴィルヘルム、在位一六四〇〜八八年。常備軍の創設者とされる〕時代とされているが、歳月を十年ごとにわけて、どの時期にその端緒を定めるべきかについて論争が起こっている。そればかりか、かなり多くの者がフリードリヒ・ヴィルヘルム一世〔在位一七一三〜四〇年〕をプロイセン軍の本米の創設者とみなそうとしている。

これが近代軍隊であると認められる標識がさまざまあることを多くの研究者が考えている以上、近代軍隊の起源について、多くの見解があることは驚くにあたらない。

ところで、そもそもこの助けさえあれば、近代的軍隊を中世的軍隊とはっきり区別できるような近代軍隊の認識票とみなされるべき標識があるのだろうか？　たとえば傭兵の軍隊を召集兵の軍隊と、階級軍を国民軍とそれぞれ明白に分けることができるのだろうか？

かつて「近代軍隊」の標識として認められたか、あるいはいまでも認められているもろもろの標識を次々に思い浮かべてみても、そのような区別はほとんどできないように思われる。以前には傭兵制度こそ、封建時代を終わらせ近代を導入した新しい制度を示すものと信じられてきた。しかし今日では、それもかなり以前から、傭兵制度は中世のはるか昔の時代に始まっていることや、これがおそらく騎士制度同様に古いこと、それに傭兵軍団が騎士軍団と並存していたことなどが判明している。

われわれはギリシアの皇帝たちの下でも、はたまた九世紀以後のカリフたちの下でも、傭兵軍団にお目にかかっている。ヨーロッパの諸国家のなかでも、すでに十世紀に彼らが出現している。修道僧リシェルは西暦九九一年、アンジュー伯爵がブルターニュ伯爵に対抗し、家臣と傭兵からなる軍隊をひきいて出陣したと語っている。

早くからイングランドでは傭兵制度が発達していた。一〇一四年、エセルレッドは軍事目的のために二万一〇〇〇ポンドを計上した[33]。そしてドームズデイ以来従軍の義務を金銭で済ますことや騎士の国王による募集が通例となった[34]。

十二〜十三世紀に、この傭兵制度は一般的に普及した制度となった。ノルマン人の軍隊が傭兵となった。彼らはある時はギリシア人のためにサラセン人を相手に戦い、またあるときはランゴバルトの軍隊や彼らの国土を守るべくギリシア人と戦うために、イタリアにやってきた。騎兵、歩兵を問わず、傭兵は聖王ルイ九世（在位一二二六〜七〇年）の軍隊の大部分をなした。おそらく歩兵が最初の傭兵の陸軍部隊であったろう。そのさい、騎士一人が隊長となる百人編成の中隊がつくられた。このことについては、年代記ではなく所要経費の勘定書が伝えている[35]。早くも十二世紀に、あまりにも傭兵制度が普及したために、ルネサンスの傭兵隊長（コンドティエリ）なみの有名な傭兵の指導者も出現した[36]。

これらすべては封建社会からの実例である。都市の防衛組織のなかでは、いたるところできわめて早くから、傭兵制度が有機的構成要素をなしていたことは当然である[37]。

傭兵制度を近代軍隊の特別な標識とみなすのは、徴募兵があらゆる時代において軍隊の構成要素をなしてきたことが確実なために、承認できない。そうはいうものの、近代軍隊の始まりを常備軍の端緒と一致させることもあたらない。なぜなら、やはり近代軍隊の始まりと推定できるはるか以前に「常備軍」が存在したことが判明しているからである。

本来なら、すべての騎士軍団を「常備軍」と銘打たねばならないであろう。しかし、たとえそれを常備軍と呼ばないとしても事情は変わらない。騎士軍団はなぜ常備軍なのかというと、彼らはたとえ潜在的であっても、またたまたま現場にいなくても、つねに国王の自由な采配に委ねられていたからだ。とくに昔から存在した王侯の巡邏兵が、常備軍一般に見受けられるすべての標識を備えていたことは疑う余地がない。彼らは王侯を警護し、あらゆる時に王侯の自由裁量に委ねられた、けっして解散することのない戦士団永遠の戦士《ミレス・ペルペトウス》であった。

この個人的な防衛部隊「親衛隊」は、近代国家の端緒から再び見受けられるようになる。イタリアの僭主もフランスとイギリスの国王も、はたまたドイツの王侯もこれを保持していた。これは、フランス語でいうジャン・ダルム、英語でいうメン・アト・アームズ[38]、そしてドイツ語でいうトラバント[39]、つまり親衛兵にあたる。

近代の軍隊を特徴づけ、中世の軍隊から分かつのは国王の指揮権か？　もしこのことを受容するならば、近代軍隊の端緒を把握するためにも、再び中世の、それもかなり以前にまでさかのぼらねばなるまい。なぜなら、少なくともフランスでは、国王の軍隊は封建時代、とくに一三四九年以来、総司令官の下にひかえていた元帥《コネターブル》の統一的命令下に置かれていたからだ。そして（大砲の導入以来）兵器ならびに火砲の最高管理権は、一二七四年以後、国王の官僚である「弩手《どしゅ》の隊長」に握られていた。

あるいは、すでにかなり多くの人々が是認しているように、中世から近代への軍隊の変革を兵器技術の向上に帰すべきであろうか？　この見解もやはり事実に反する粗雑なものといえよう。火器の導入によっても確実に軍隊の新時代が始まったわけではない。なんぴとも、すでに火器が使用されたクレシー〔北フランスの都市、一三四六年にイギリス軍が占領した〕で戦った軍隊を近代的軍隊とは考えないであろうし、十七世紀末になっても一部槍で戦った軍隊が近代陸軍の性格をもつことを否定しようとは思わないだろう。

いかなる側面からも軍隊の歴史のなかで中世と近代を区別できないのが実情なのではなかろうか？　しかし、われわれは再びきわめて明白に、十八世紀のはじめに見受けられた軍隊が十五世紀の軍隊とは根本的に違っていたことを感じている。そうすると、一五〇〇年から一七〇〇年にかけての時期（時代を大雑把に区別して）において、軍隊組織のなかで本質的変化が行われたことを認めねばなるまい。

しばしば、一定の出来事を決定的なものとみなすこと、したがってこの出来事の登場にもとづいて根本的な革新があったとする見方を断念することによって矛盾が解決されてきた。近代的軍隊は、近代国家や近代資本主義と同様に、これと決まった誕生の年をもたないのだ。そればかりではない。近代的軍隊の発生は、けっして必然的に新しい発展の系列が出現することを前提としていない。旧来の制度はゆっくりと変わってゆくだろう。古くから伝わる風俗習慣は気がつかないうちに更新されるであろう。平行して流れてゆく河川も合流するだろう。そしてついに段階的、部分的改変が新しい形式をもたらすであろう。

いまやわれわれは、その全体像の中で、はっきりと以前とはなにか根本的に違ったものを感じるようになる。それに、われわれが新旧二つの事態を純粋に明白に把握しようとするならば、考えられるすべての厳密さを発揮して両者を互いに分離しなければならないであろう。われわれは経験的な物事の形成においては、「まさにここが新しい事態が登場した場所だ」として変化過程のなかの唯一無二の場所を限定することはできないし、これこそ新しい作用の起源だとして唯一無二の発展要素を指摘できないことを十分に意識している。

近代的軍隊とは常備軍であり、国家の軍隊である。二つの要素はつねに存在する傾向である。（国家の代表者としての）王侯を唯一の司令官とし、彼に持続的に軍隊を委ねることは結局、効果をあげ、普遍的妥当性をもつようになった。

この二つの原則の勝利は、たとえ同時に近代軍隊の根本理念にとって切実な現実的な意味をもたなかったとしても、表面的には象徴的な表現となった。そこでまず、国家の常備軍の調達、装備のための資金を持続的に用意し、準備する。そのさい、資金については王侯が自由に裁量できるようにする。これにより王侯は軍を管理し把握することも、軍の存続期間を己の意志どおりに決めることもできる。このようにしてつくられた王侯の物質的な能力のなかで、近代的軍隊の二つの本質的な標識が一体となる。すなわち常備軍であること、国家の軍隊であることがおのずと有機的に統一されるのだ。

さらに王侯は「資金と民衆」を入手する。これによって軍隊は、その新しい形式のなかで保障される。そして軍隊はあるべき定められた姿になる。つまり、王侯がはじめて真髄を発揮することを促す手中の剣に軍隊がなるわけだ。なぜなら大選帝侯が一六六七年の「政治的遺言」のなかで表明したように、もし資金と民衆をもたないならば、王侯などなんらの考慮にも値しない存在だからである。

もし三つの契機である資金の調達、持続性、それに国による管理がいかに密接に結びついているか、さらにそれらが近代軍隊の形成にとっていかに根本的な意味をもっているかを認識したあかつきには、フランスのシャルル七世の改革に画期的な性格を認めることが当然とされるであろう。

この動きは、周知のように、次のような具合になっていた。[40] シャルルは一四三九年以前には、彼にはまだ忠節を示していた特定階級のわずかで不確実な同意に身を委ねていた。この財政的な無秩序と資金の不足から、国内を満たした戦士団の専横が目立った。「しばしば、王のために戦っている隊長たちは上官である将軍たちの命令を拒否し、おのれの城塞をよりどころに、ときにはいまわしい暴挙に走った」。

シャルルは、まずこれらの軍団をそれぞれの担当地域において一定の収入を与えることによって統御しようと試みた。そこで彼は一四三九年、この方策を全国で統一的かつ持続的なものに整えようとのり出した。それが十一月二日付の勅令となって現れた。[41] この勅令の根本にあった考えは、持続的な戦争のために必要な軍隊は、これに定期的に給料を支払い、唯一者の命令に従わせるようにしなければ、とうてい制御できないということである。国内の大物たちも国王の許可なしに軍隊を保持することを断念し、もし兵士がふとどきなことをしでかした場合、彼ら兵士と共同責任を負うことになる部隊長を任命する排外的な権利を国王に認めた。大物たちはさらに、勝手きままにおのれの臣下に所得税や財産税を課したり、戦争に要する税額をふやすことを禁じられた。国王には、軍隊に支払う給与のために、大物たちの臣下にも、はたまた国王直轄の領土の住民にも、一般に課税することが認められた。これらの権利を、国王は持続的なものとみなした。常備の資金からは、常備軍が、おのずと出現した。オルレアン会議の決議にもとづいて、国王は堅固で有効な管理制度を設立した。ランケは正しくもこの改革を「もっとも偉大なる変化の一つ」と名づけた。この改革のおかげで、その頃では前代未聞の大軍隊が生まれた。これをひきいてシャルル八世はイタリアに侵入した。フランソワ一世の指導したすばらしい軍隊がそもそも生まれたのは、やはりこの改革のおかげである。

フランスで十五世紀半ばに行われたことが、他の欧州諸国では二世紀遅れてはじめて繰りかえされた。イギリスでは陸軍の統合は共和政治（一六四九年のチャールズ一世の死刑執行から一六六〇年の王政復古まで）の時代に先立って行われた。そのさいの決定的な規定は、おそらく一六四三年の次のような議会の決議であろう。[42] すなわち、エセックスの陸軍は一万人の歩兵と四〇〇〇頭の軍馬からなると定めたことだ。また一六四五年二月十五日付の勅令により、両王国の委員会は（一六四四年、エセックスの陸軍が降服した後）「新陸軍の創設」を、つまり近代的軍隊の創設を委託された。

周知のように、のちに常備軍の存続は、人民の基本的人権に関する宣言が国家の基本法にまで高められたとき、再び問題になった。平和時における常備軍の保持は違法だというのだ。しかし、陸軍が不可欠なところから、議会は一六八九年以来毎年、反乱と脱走を処罰する等の法案という名称をもつ特別法案の通過によって、徴募される軍隊の形成を許可してきた。イギリス軍隊組織はそれ以来ずっとこの「反乱法」に準拠している[43]。

ドイツでは、王侯にとっては一六五四年五月十七日付の帝国議会の議決第一八〇条が決定的に重要であったと思われる。この条項のなかで「あらゆる選帝侯と階級代表、それに国王につかえる地方領主の臣下、国王直接の臣下市民は国防上必要な城塞、広場、それに守備隊をかかえ、これを維持するためにそれぞれの領主、支配者、上司に援助資金を提供する義務がある」との基本原則が打ち出されている。この規定は、国会により承認された金額の配分を主として、王侯権力の裁量に委ねると定めた。「このことはドイツ領内の常備軍の発達にとってきわめて重要になった[44]」。

軍隊を常備軍にすることと並んで徐々に進められた軍隊の国軍化の過程をこまかく追究することは、本章の目的ではない。ただ十八世紀の初頭には、近代的軍隊はすでに国法にもとづく行政指導に従う形態をとっていた。その頃、指導的国家となったプロイセンでの一七一三年五月十五日付の内閣の命令は、軍の新形態が完了したことを明らかにした。この新形態のなかで「ひとたび入隊した全兵士は、国王陛下が除隊を命ぜられるまで兵役に服さねばならない」と規定されていることにより、「一時的傭兵制」にとどめを刺した[45]。全軍の将校の地位の任命は、さらに国王の裁量に委ねられた。フリードリヒ・ヴィルヘルム一世の治下、国王の自由、無制限な君主制にもとづく任命権は、行政の他のすべての領域と同様、この面でも無制限に承認され実施された[46]。

しかし「近代的軍隊」をその完全に特別な方式に従って見るならば、その形態のなかには軍の構成や行政面における性格とはまったく別の特徴がはっきりと見受けられる。まず練兵場が出現する。さらに軍の各部隊がそれぞれ整列し、それぞれ移動している姿が出現する。師団、連隊、大隊、中隊が前進してゆく。これらの部隊の隊員はいずれも階級制度にのっとり、上下の区別がやかましい上官の命令に服している。すなわち近代的軍隊はまた、軍事技術的にも独特に規定されている。そして近代的軍隊は、たしかに集団的軍隊あるいは民衆の軍隊、あるいは軍団と呼ばれる軍隊として表され、これによっても中世の全軍隊とはっきり区別される。

この民衆の軍隊の特殊性は、とりわけ、その巨大なことのほか、戦術的に統一された大勢の戦士の部隊であるために効果的であることにある。かつては数千人の騎士が戦うにしても、けっして統一的集団としてではなく、数千人が各個ばらばらに同時に戦うだけであった。ところが数千人にのぼる近代の騎兵は、いざ攻撃となると一斉に突進する。彼らのなかで、そして彼らを通じて、共通の精神に満たされた大集団の超個人的な統一体が活動する。この精神の共通性は、司令官から発せられた命令によってつくられる。（精神の）指導と（肉体の）行動の機能は分離され、異なった人間によって遂行される。以前には、こうした機能は同一人物のなかでまとめられていたが、この面でもすべての近代文化の発達にとって異常なほど特徴的となった、あの分化過程が完成した。

とりわけこの面の発展は、経済生活の組織のなかで、手工業から資本主義へ進展するありさまと似ている。

この指導する機能と、実行する機能の分化は、近代の軍隊組織を特徴づけるもろもろの現象をひき起こす。とりわけ訓練と規律が重要だ。これによって指導する手段と実行する手段が機械的方式で結合されなければならない。ギリシア人とローマ人が実施し、スイス人とスウェーデン人が再び練磨し、レオポルト・フォン・デサウがプロイセン軍規則にまで仕立てあげた「斉歩《せいほ》」を、近代的軍隊はその象徴として歓迎する。

思うに、近代の軍隊組織がすべての文化、とくに経済生活に与えた影響は、まだ十分に評価されていないようだ。決定的な世紀である十七世紀には、ルネサンス期にはまだ采配をふるっていた自然人の破壊、崩壊が完成した。こうした自然人では、資本主義的経済組織を完全に発達させることはできなかったであろう。

かくして分業する人間、専門家、義務一点ばりの人間がつくられた。この新人類の誕生は宗教、とくにピューリタニズムのためだとされている。しかし、ピューリタニズムと軍国主義がいかに密接な関係にあったかということが、そもそも考慮されたであろうか？ 軍隊精神《ザ・ミリタリー・スピリット》がクロンウェルによって近代的軍隊のなかに導入されたことや、ミルトンが完全に軍人の理念をわきまえていたことを、このさい想起すべきである。

ピューリタニズムと軍隊精神の理想は同一である。すなわち、生物そのままの人間性の克服と、個人を卓越した全体の中に組みこむことである。このために、十七、十八世紀に教えられた軍人の美徳の大部分は、非国教徒カルヴァン派、ピューリタンがかかげる美徳とかわりはない。陶治《とうや》が主導楽句《ライトモティーフ》であった。

ダーフィト・ファスマンの著述『軍人ならびに兵士の階級の起源、名誉、優秀、卓越および、その一八個の必要な性質』（ベルリン、一七一七年）のなかでは、有能な軍人のもつ次の一八個の性質が列挙されている。
「敬神、賢明、大胆、死を軽んずること、冷静、慎重、忍耐、満足、忠節、服従、尊敬心、注意力、軽蔑さるべき快楽に対する憎悪、名誉心、屁理屈をこねないこと、確実な職務遂行、学問、善良な性質」。

同じ美徳がフリードリヒ・ヴィルヘルム一世が公表した勅命のなかにそのまま表されているが、これは明らかに、ファスマンによって鼓吹されたのと同じものであろう。ピューリタン、軍隊、そして資本主義の美徳は、大部分が同じである。

軍隊の規律がピューリタンの精神から生まれた、あるいはピューリタンの理念によって促進された、軍隊精神の発生は新しくつくられたもろもろの状況にもとづいていると考えてもよいであろう。ともあれ、人生を新しい精神で浸透させるにあたって、軍隊が大きな役目を果たしたことは疑う余地がない。その面倒を見たのが練兵場である。ここで行われた苦しくつらい長年の練兵のなかで、旧来の衝動的な人間性は消滅してしまった。

これこそ軍隊が十六世紀から十八世紀にかけて経験した決定的な変化である。この時代に志願で入隊した兵士は、背後には曹長のしごき杖がひかえる環境で、訓練のゆきとどいた百戦錬磨の模範兵となった。練兵の義務の累積、きびしい規律と訓練は新時代の特徴である。

しかもこの錬磨は、まったく同種な人間を必要とする資本主義にとって、けっして無駄にはならなかった。練兵場できたえられたのと同じ人間が、工場においても服従の新しい方式を活用したとまで考える必要はないにしても、すでに軍隊が与えた実例が効果をあげた。そして軍隊のなかで支配した精神は、営外の他の人々にも植えつけられ、もろもろの家庭のなかでも育成され継承され、ついには経済生活のなかで再び活性化された。

古い考えをもつ唯物史観の代表者がよく指摘しているように、経済生活が軍隊の規律のなかに反映したわけではないにしても、もし軍人精神が経済生活との平行現象をくりひろげたとすれば、ただちに両現象が時間的に相次いで生起することになったであろう。

いずれにせよ、すべての近代文化、とくに経済文化の発生にとってきわめて意義のある研究が、この面に見受けられることは確実と思われる。

新しい民衆軍の模範となったのは、十四世紀のスイス国民軍であった。その後、おそらく人文主義的な研究が、ギリシア人、ローマ人の民衆軍に取り組んだのであろう。また、マキアヴェリの戦史関係の著作やフランスのフランソワ一世の軍団が想起される。近代の王侯は、たとえこれらのすべての模範像がなくとも、この軍隊形成の形式を自力で生み出したであろう。そのありさまは近代資本主義が強制的必然性をもって、労働組織の大企業形態を自力でおのれのもっとも固有な性質にもとづいて発展させたのと、ちょうど同じである。それというのも、これらの外的現象形式がそれ自身のなかに包含されていたからである。

近代の王侯は、細分化した民衆軍を自力でつくりあげねばならなかった。なぜならこれのみが、王侯たちが欲する領土の拡大、権力の展開に適合したからである。このさい、兵器の技術が問題になった。そうはいうものの、これは近代的軍隊組織の形成にさいしては、まず第一に作用する原因ではなかった――この問題についても、どうしても比較をしたい気持ちに駆られてくる。それはちょうど資本主義的経済組織の枠内における大経営形式の形成にみられる事情と似ている。近代の民衆軍を最初に出現させた方形軍隊の戦術的統一は兵器技術の基礎が槍にあるとみなしていたので、火器による射撃を可能にするために、まず大がかりに変更されねばならなかった。その後、当然、単一な機械的作用をする火器の技術が民衆軍の組織を結集させ、これにいわば自動的な性質を与え、かつては純粋に自由な発想でつくられた隊形を、こんどは必然的なものとした（ちょうど蒸気の技術がマニュファクチュアを工場生産へと移行させたように）。

しかし、もともと民衆軍の形式は、そのもっとも内的な本質を発揚させるために、近代の王侯によって自由自在につくり出された。ただ民衆軍のなかにおいてのみ、迅速かつ不断の勢力拡張の可能性が秘められていた。指導する仕事と実行する仕事が分化し、そしてこれによって制約された技能が機械的に発達したために、訓練のゆきとどいていない任意の民衆を短期間に精鋭な戦士に仕立てあげることができた。もちろん、戦術的成果がつねにますます大兵力の効果に依存する度合いに応じて――このことは火器の導入によってますますはっきりしてきた――軍隊拡大への必要が高められた。（そして軍の編制、軍備などその他もろもろの状況が同一だとすれば）軍の兵力に国家権力が、その後、依存することとなった。

かくして、われわれの認識目的にとってもっとも意味深い近代的軍隊の特性が、ついにおのずと出現してきた。それはいかなる封建的軍隊やいかなる市民軍も知っておらず、また知ることのできなかった近代軍に内在する拡大への傾向である。いやそればかりではなく、拡大と変化への力学的努力、すなわち中世社会の旧来の平静平穏な態度をとりやめ、われわれのすべての文化を根本的に改変させた努力が社会をとらえた場所では、近代の軍隊はおそらく第一級の地位を占めたであろう。その後、資本主義のなかでもっとも強力に発展したこれに関連する細分化の傾向は、やはりまずはじめに近代的軍隊のなかに登場した。

近代の王侯の無限への努力は、さらに軍隊の増強のなかに現れた。これは資本主義の企業家の資本増大をめざす無限への努力と同様である。軍隊の増強と資本の蓄積はまったくよく似ている過程である。数量の累積、個人的人格的能力を超えた勢力範囲の拡大、個人の肉体的精神的制限の打破等々。

もっとも、このさい両者の発展系列のあいだに因果関係があると見る必要はない。両者がそれぞれ自主的に平行して進行したことも、あるいは両者が共通の根源から成長したことも、ともにありうるからである。

艦隊

たしかに海軍の組織には、陸軍の組織と多くの共通点がある。とりわけ海軍でも兵員の徴募について陸軍と同じ形式を持つことが多い。海軍でも陸軍と同様に傭兵制度、傭兵部隊が採用されていた。

中世全期を通じて、イギリスの五港は艦船の調達に配慮した。ドーヴァーとサンドウィッチは、国王に一年間のうちの二十日間、それぞれ二十隻の船を各船に二一人の船員をのせて提供せねばならなかった。他の諸都市も水兵の配置と食料（貯蔵品《ストア》）の提供を義務づけられた（ドームズデイの著書、第一巻、第三章、三三六頁）。一六三五年、積載力あわせて一万一五〇〇トンの艦船四四隻と八八一〇人の乗員を備えた艦隊の召集が行われた。これら諸都市に付加される地区もあった。すなわち船をもたない都市や地域は、彼らの義務を金に代えて果たさなくてはならなかった（ライマー、フェーデラの著書、第一九巻、六五八頁と六九七頁）。これと並んでイギリスでは早くから傭船制度があった。一〇四九年、『サクソニア年代記』は四四一節四二頁で次のように伝えている。「エドワード王は九隻の船を雇傭から解放した。これらの船は退去した。船もろともにすべてが去った。そして五隻の船が残った。王は彼らに十二ヵ月分の給料を与えると約束した」（レイアード・クラウズ『イギリス海軍』初版、一九、五〇、七九頁を参照のこと）。

また純粋に冒険心旺盛な連中も現れた。たとえばジェノヴァのアントン・ドリア（一三三七年）はフランス王のために、二〇隻のガレー船を武装し水兵をのせて、イギリス王に対抗するため配置すべく義務づけられた。そのさい、モナコから調達した二〇隻のガレー船と軍艦に対し、月額九〇〇フロリン金貨が支払われた。この契約は『ジェール海軍年鑑』第二巻（一八四〇年）三三三頁にのっている。

カルロス一世（神聖ローマ帝国ではカール五世）の治下では、まだスペイン艦隊は純粋に傭船艦隊であった。カルロスは、そもそも国有の軍艦などもたず、ただ自費で建造したガレー船の装備、軍備を企業家たちに委ねた。傭船の費用は旧来の勅令で決められており、最後には一五五四年十一月五日付の勅令で規制された。「企業家」、つまり資本家として装備や艦船の任務遂行に活動した者もあった。しかし、カルロス一世はたんにスペインの傭船ばかりでなく、ドリア、センチュリオネス、それにゴボスが支配するイタリアの傭船も利用した。これらの艦船内の様子は、規律や船上生活のあらゆる面で陸の傭兵の陣営とまったくかわりなかった。それればかりか歩兵同様、女たちまで同伴した。チュニジアへの遠征では、なんと四〇〇〇人の「恋する女たち」が乗船していたという(47)。

しかし海軍を陸軍と区別するものには、おそらく一層多くの重要な要素があったろう。海上には一人の騎士もいなかった。中世の軍隊の本質をきわめて特徴的につくりあげた、おのれの土地で成長したあの孤独な戦士騎士は、まったく外面的な理由により海戦には登場しなかった。海戦では作戦は根本的に当初から集団的効果を狙って行われた。敵船に鉤を引っかけて引き寄せる作戦のさいに一騎打ちがあったとしても、戦いの成否は本質的には艦船が機動性をいかに発揮するかにかかっていた。これはつねに大勢の水兵の仕事であり、一人の上官が命令を下せば、部下の水兵はこの命令を実行する段取りになっていた。（同じ世紀において）騎士同士の一騎打ちと、数百人の奴隷がこぎ手の座席にしばりつけられているヴェネチアとジェノヴァのガレー船同士の戦いとの間には、なんと相違があったろう！

海戦の第二の特質は、その作戦が個人的な業績よりも、異常なほど多くの物量がつねに消費されるという、はるかに重要な事実のなかに見受けられる。水兵を完全武装させることに加えて、個々の陸軍の兵員を武装したり軍馬を調達することとくらべ、生産し、運転するだけで比較にならないほど多くの資金が必要とされる艦船が海戦には登場するのだ。

また海戦に関して特徴的なことは、作戦にはもっとも重要な艦船を普通の商人がすでに商船の形で保持していたことだ。この奇妙な事実にもとづいて、早くから海戦の性質に特有な軍隊組織が発達した。それは商船隊を戦争目的に利用することである。中世全期を通じて、この組織はヨーロッパのすべての海洋国民のなかに見受けられた。


一二七四年の『年代記』一月分の二八一章四五節に次の記述がある。「一月、たしかに武器庫は各人がかぶる兜《かぶと》をつくりだした。そしてこれこれの数（数量は欠けている）の製品が完成した」（E・ハイク『ジェノヴァとその海軍』一八八六年、一一六頁を参照のこと）。

イギリス艦隊では（後で数字を示すが）十六、十七世紀では、まだ商船が圧倒的な数量を占めていた。これらの商船は当時の貿易の性格に即し、もともとは戦闘の道具であったが、後世には一層戦争目的に適合するようになった。商船に砲を装備することは軍艦の場合とほとんどかわらなかった。

他方、海軍における物資の消費が圧倒的に多かったので、早くから常備艦隊といわれる艦船が導入された。もし、ある王侯が艦船をつくる手段をもっていたとすると、やがて彼はこうした艦船を常備することにした。それは兵員のように、たえず新しい費用を要求することはなかった。もちろん、いざ戦争という時には、まず水兵や陸戦隊を必要とした。そうはいうものの、こうした艦船のなかに、王侯はできるかぎり「常備」されている軍事力の重要な部分を所有していた。王侯や都市はすでに早い時代から己の艦船を常備していたようにさえ思われる。アングロサクソン王のエドガー（在位九五九～九七五年）の艦隊についての記録[48]はまるで常備艦隊の年間演習に関する報告のようだ。さらにジェノヴァ共和国については、この国が十三世紀に軍艦を保有していたこと、しかもたんに購入したばかりでなく、国が委託してつくらせた軍艦であることがはっきりしている[49]。またヴェネチアも艦船を保有するばかりか、この共和国が中世のはるか昔から自前の造船所をもっていたと伝えられている。

　また海軍の国有化は、陸軍の国有化のはるか以前にさかのぼる。この面では（わたしにはその関連がはっきりとはわからないが）、国王の刑事裁判権が自立した艦船乗組員と国王の大権との間の橋わたしをしたように思われる。

　イギリスでは、すでにエドワード三世治下に全艦船が国王の命令に服していた。艦長たちは（彼らがそのさい、特別の権能をもたない場合には）水兵を処罰する権利をもたなかった。このように、おそらく一三五一年以前につくられたと思われる『海軍白書』[50]は定めている。常備戦闘艦隊の維持、活用の基盤は、イギリスで中世の間に海軍大将府でつくりあげられた。この職務にわれわれがはじめて接するのは十四世紀のことである。一四〇五年以来、海軍大将の継続的系譜が知られている。彼らは現行の海軍管理のための高級官僚であった。かなり多くの人々が、イギリスの常備艦隊の誕生を一五一二年に置いている。[51] この年にはヘンリー八世は海軍省をつくり、それ以後、持続的にかなりの後まで艦船を意のままにあつかった（だが、これはなにも、この王がはじめてではない）。たしかなのは、それ以来、国王の艦船が迅速にふえ（私有船舶の利用がなくなったわけではない）、海軍行政が一層強力に集中化されたことである。

フランスにおける動きもイギリスと似ている。徴用船とチャーター船と、それに国王の艦船が並存した。早期から国家による統制が行われた。一三二七年、フランス提督の肩書をもち、海軍裁判所長をつとめる艦隊大提督が生まれた。とくに十七世紀はじめ以来、国王の軍艦が増加した。一般に、植民地とともにフランス海軍を創設したのはリシュリューであると見られているが、イギリスのクロンウェル治下同様、はじめて決定的な体制固めが行われたのは、フランスではコルベール治下のことである。

2　軍隊の拡大

近代軍隊につきものの拡大傾向は、そのもっとも重要な特性である。それというのは、前述したように、軍の拡大がきわめて重要な経済的作用を及ぼし、とくに状況が同じ場合には需要を招く軍隊の不断の強大化が、大衆需要の増大を導いたからである。

　近代軍隊の拡大という現象に関して、はっきりした観念を与えるために、ここで主要国の兵力に関する数字を示すことにする。

陸軍

ハンス・デルブリュックが『戦術史』の第三巻のなかで到達した最大の成果の一つは、中世においてはこれまで考えられていたよりもずっと少ない兵力しかなかったと証明したことである。これによって、軍事についても商業とまったく同じことが証明された。このことを多くの人々が、すでに以前から一般的な人口状況、とくに都市の人口数とのかねあいで示してきた。それは中世の外面的世界の規模が小さかったことである（中世の都市の内容は強大であったようだが）。ヘースティングズの戦い（一〇六六年）においては、以前は双方あわせて一〇万いや一〇〇万（なかには一二〇万という評価まで出た）の兵士が戦ったと見られていた。おそらく実際にはノルマン軍は九〇〇〇人たらずで、そんなに大勢ではなかったはずだ。これを迎えたハラルドの軍勢はもっと弱小で四〇〇〇人から七〇〇〇人といったところであったろう。

　中世では最大の兵力を擁したはずの十字軍ですら、比較的小規模であった。パレスチナの戦闘に加わった騎兵でもっとも多かったのが一二〇〇人、歩兵は九〇〇〇人と推定される。

アスボードの戦いにさいしては八〇〇〇人の兵員がいたとするのは、おそらく過大評価であろう。フリードリヒ・バルバロッサ（在位一一五二～九〇年）がミラノ前面に集合させた兵力は、やはり中世では最大であったろう。しかしこの場合でも、年代記作者のいう一万人、一〇万人という数字は空想的すぎる。数千人の騎士が参集したというのが実情であったろう。その頃、最大の戦いの一つであったコルテヌオーヴァの戦い（一二三七年）でも、双方それぞれ、たかだか一万人の兵士が加わったぐらいであろう。

そもそも一国における騎士の数がわかれば、おそらく中世における徴募兵を数字の上でかなり正確に確定できるであろう。イギリスでは、モリスの計算によると、十三世紀には二七五〇人以上の騎士はいなかった。各騎士にはそれぞれふつう二人の従士がついていた。したがってイギリス全体では八〇〇〇人の騎士団がいたことになる。歩兵はきわめて短期間しか召集しえないが、とにかく一二七七年の同国の歩兵の数はもっとも多く見積もっても一万五六四〇人とせねばなるまい。

中世全期を通じて見受けられた最大の兵力は、エドワード三世が一三四七年にカレー近くに集結させた軍隊であった。この軍隊は三万二〇〇〇の兵員からなっていた。この計算につけ加えて、デルブリュックは「中世には前代未聞の大軍勢」と言っている。これらすべての数字に接しても、こうした大軍勢は、つねに、きわめて短期間しか召集できなかったことをたえず念頭に置かねばなるまい。(52)

中世以来、持続的に維持される急速な兵力の増強は、次の数字によって表される。

①フランス[53]

シャルル七世は四五〇〇人の騎兵をもっていた（もっともこれは数字の上のことだと、権威ある記録者H・ボードは述べている）。ついでに歩兵は八〇〇〇人であった（射手）。ルイ十一世は、死去にさいして四五〇〇人の軍勢を残した。「適正な数のスイス兵、フランク族の大勢の射手それに他の兵員たちであり、合計六万人と推定される。これらの兵員はいずれも給与を受けた職業軍人で、全員が敵と戦う構えを見せていた」（キシュラ）。しかし、おそらくこれは戦時状態ではなかろうか？

一四九二年（したがってシャルル八世の治下）、ヴェネチアの外交使節Z・コンタリーニは現兵力として、三五〇〇人の槍騎兵（それぞれ馬三頭がつく）、七〇〇〇人の射手、それに一万人の勤務不能者（廃兵）をあげた。

シャルル八世がイタリアに侵入させた軍勢は、『ベネディクト派ニ修道士による新文学散歩』によると、四万二〇〇〇人の歩兵、六五〇〇人の槍騎兵（三人の騎兵に槍一本の割合）となる。

フランソワ一世は歩兵五万人、騎兵一万五〇〇〇人を擁していた。

シャルル九世の時代には、宗教戦争のただなかで敵対する軍勢はあわせて歩兵一三万人、騎兵三万五〇〇〇人に及んだ（ダヴィティによる）。

アンリ四世は五万一〇〇〇人の兵員を進撃させる用意があった。

三十年戦争においては、フランスはすでに一〇万人を動員した。一六三六年から一六四二年にかけて、一四万二〇〇〇人の歩兵と二万二〇〇〇人の騎兵が戦場に赴いた。

ルイ十四世の軍隊は、一時は四〇万人まで増強されたという。連隊の構成は変動している。とくに歩兵連隊内の兵員の数は変動しており、一六九七年が一五一連隊、七一二年はわずか一二一連隊となっている。

十八世紀の中葉では、フランス陸軍の勢力は次のとおりである。

歩兵　一二一連隊
騎兵　全兵力の六分の一
憲兵　八部隊
軽騎兵　六〇連隊
全兵力　一七八七人の将校、一万七〇五六頭の馬
竜騎兵〔銃をもった騎馬兵〕　六三四人の将校、六二四〇人の竜騎兵
全騎兵　二六二九人の将校
二万六六〇八人の兵
二万五一〇八頭の馬

全兵力一〇〇〇人に対し野砲部隊の兵力は三人から四人という割合だが、七六四年以

後、四二パーセント増加した。したがって野戦軍一〇〇〇人に対し、それぞれ砲四門が付与された。

②ブランデンブルク－プロイセン

プロイセン軍の増強は、一層注目される。同国がフランスなどとくらべずっと貧しい小国でありながら、きわめて短期間に強力なテンポで増強されたからだ。

グスタフ・アドルフが一六三〇年、ポンメルンの海岸に上陸しスウェーデン軍介入の戦いが始まったとき、ゲオルク・ヴィルヘルムの全兵力はクラハトの四中隊、ブルクドルフの二中隊、それに新兵を含めてわずか一二〇〇人であった[54]。ゲオルク・ヴィルヘルムが死亡したとき、彼の軍隊は四六五〇人にふくれあがってきた（シュヴァルツェンベルクの信頼すべき記述による）[55]。

大選帝侯の死去のさいの兵員は次のとおりであった。

六大隊の近衛兵	三六〇〇人
三〇大隊の歩兵	一万八〇〇〇人
三二中隊の騎兵	三八四〇人
八中隊の竜騎兵	九八〇人
二〇中隊の守備隊	三〇〇〇人

歩兵、騎兵の合計　二万九四二〇人
砲兵、工兵、輜重《しちょう》兵等を含めた合計　約三万二〇〇〇人

フリードリヒ一世死去のさいの兵員は、次のとおりであった。

三八大隊の歩兵　二万七五〇〇人
三二中隊の騎兵　三一六〇人
二四中隊の竜騎兵　一九四四人
二〇中隊の守備隊　三〇〇〇人
歩兵、騎兵の合計　三万五六〇四人
その他を含めた合計　三万八〇〇〇から四万人

フリードリヒ・ヴィルヘルム一世の死去にさいし、マソフ将軍は全軍の兵力を八万二四六八人だとする報告を発表した。その内訳を見ると、これらの軍隊は三二歩兵連隊（六六大隊）、一二甲騎兵連隊、六竜騎兵連隊、二軽騎兵連隊、一野砲大隊、一守備砲大隊、四守備兵大隊、四地方連隊となっている。

最後にフリードリヒ大王の死去のさいには、

一近衛歩兵連隊
一近衛擲弾《てきだん》兵大隊
五三歩兵連隊
一二竜騎兵連隊
一〇軽騎兵連隊
四野砲連隊
一二守備隊砲中隊
二守備隊砲分遣隊
四地雷敷設分遣隊
一工兵分遣隊
八守備兵連隊
四守備兵大隊
四地方連隊

総計　一二万人の歩兵
四万人の騎兵
一万人の砲兵と工兵
三万人の守備隊兵

軍全体　二〇万人

これらの兵力のうち演習時を除いて、フリードリヒ大王最後の統治の年には、現役として一四万三〇〇〇人がおり、そのなかでもさらに（四万人にまで達する）多くの者が、自由哨兵として勤務から外されていた。それはともかく、国土の大きさや人口数を考えると、なんと巨大な軍事力であったろう。ここに兵力と人口数を概略の数字で示すと、次のような関係が示されることになる。

	（兵力）	（人口数）
一六八八年	三万人	一〇〇万人
一七一三年	四万人	一五〇万人
一七四〇年	八万人	二二〇万人
一七八六年	二〇万人	五四〇万人

一七四〇年と一七八六年の平和時の現有兵力は、人口の四パーセントであった。この割合でゆくと、現在のドイツの現有兵力は二六〇万人にのぼらなければならない。昔の兵員の数だけでも、ただちに軍隊が市場形成に対してもつ意味が証明されるに違いない。なにしろ自給自足経済――手工業的需要充足の古い枠内から生み出される人口の四パーセントの兵力なのだから！

③十八世紀後半の欧州各国の常備軍兵力

これについてはクリューニッツの著書（第五〇巻、七四六頁）の共著者が教えてくれるが、この著書の第五三巻までを占める軍事に関する記述は、いずれも次のような、明らかに最良の資料にもとづく、すばらしい専門的知識によることを示している。

オーストリア（平和時）	二九万七〇〇〇人
オーストリア（戦時）	三六万三〇〇〇人
ロシア正規軍	二二万四五〇〇人
プロイセン	一九万人
フランス	一八万二〇〇〇人
イギリス	二一万人
スペイン	八万五〇〇〇人
スウェーデン	四万七八〇〇人
デンマークとノルウェー	七万四〇〇〇人
ポーランド	一万七〇〇〇人
ポルトガル	三万六〇〇〇人
オランダ	三万六〇〇〇人

ザクセン選帝侯国	二万四六〇〇人
ブラウンシュヴァイク‐リューネブルク選帝侯国	二万五六〇〇人
ファルツ・バイエルン選帝侯国	一万二二〇〇人
マインツ選帝侯国	二二〇〇人
トリアー選帝侯国	一二〇〇人
ケルン選帝侯国	一一〇〇人
ヘッセン‐カッセル	一万五〇〇〇人
ヘッセン‐ダルムシュタット	四〇〇〇人
ヴュルテンベルク	六〇〇〇人
ヴァイマル	八〇人
ゴータ	一七六〇人
バイロイト‐アンスバッハ	三歩兵連隊、軽騎兵軍団、近衛兵
ブラウンシュヴァイク	二歩兵連隊、一竜騎兵連隊、一砲兵隊
メクレンブルク‐シュテルリッツ	五〇人
メクレンブルク‐シュヴェリン	一五〇〇人
ファルツ‐ツヴァイブリュッケン	近衛軽騎兵、近衛守備隊
バーデン	三〇〇〇人
オルデンブルク	三〇〇〇人

ツェルプスト　二連隊（そのうち一連隊は米人の傭兵）
ヴァルデック　三中隊
リッペ－シャウムブルク　一〇〇〇人
スイス　一万三〇〇〇人（彼らはスイスの防衛制度によりつねに現役でなければならない）

サルデーニャ　二万四〇〇〇人
両シチリア　二万五〇〇〇人
教皇領　五〇〇〇人
トスカナ　三〇〇〇人
ヴェネチア　六〇〇〇人

海軍

①イタリアの諸国家

十三世紀には、ヨーロッパ最大の海軍国はジェノヴァ共和国であった。その頃のジェノヴァ艦隊は、今日の尺度からいってもけっして小さくはなく、中世の状況下ではまさに信じられないほど強力であった。その数字にはほとんど異議を唱えることはできない。概略の数字で表されていないので、かえって信頼性があるわけだ。その資料は『ジェノヴァ年代記』にもとづいている。さらに良心的なハイクも、これが実情に即していることを認めている。

すでに十二世紀のなかば（一一四七〜四八年）に六三隻のガレー船と一六三隻の他の艦船がスペインにいるサラセン人に対抗して派遣された。一二四二年、八四隻のガレー船、一三隻の積み荷船それに四隻の巨大な貨物船がシチリアとピサの連合艦隊と闘った。一二六三年、六〇隻のジェノヴァの戦闘用ガレー船がギリシア水域に侵入した。一二八二年には、それどころか小規模分遣隊を含め一九九隻のガレー船が実戦に備えていた。一隻のガレー船に一四〇人の漕ぎ手がいたとすれば、一九九隻のガレー船だと二万七八六〇人の漕ぎ手が必要となった（そのさい水兵は勘定に入れていない）。一九九隻のガレー船が、連続して乗組員をのせて派遣されたと考えなくてはなるまい。だが乗組員の供給がどのようであったかもわかっている。一二八五年、ジェノヴァ共和国は一万二〇八四人の戦士を自国からリヴィエラ地方に出陣させた。その内訳はガレー船の漕ぎ手が九一九〇人、水兵二六一五人、それに水夫二七九人である。彼らは六五隻のガレー船と一隻の船首《ガリオン》を飾った大船に分乗した。

②スペイン

一五八八年、イギリスに撃破された無敵艦隊はリスボンを出発したとき（海戦時には二隻が欠けていた）、一三〇隻の帆船と六五隻のガレー船からなっていた。これらの艦船の積載量は合わせて五万七八六八トンで、「志願者、司祭、それに他の民間人」を除き、乗員あわせて三万六五五六人となっていた[56]（ドイツの図書館に所蔵されているどの本も、スペイン艦隊の動きを数字に即して明らかにしていない。スペインの無敵艦隊に関するデュロの九巻本の著作からも、この種の事情を知るのは不可能だ。まともにこの問題を扱ったように思われる同じ著者の『航海術精査』をわたしは入手できなかった）。

③フランス
フランス艦隊は、前述したように、とくにコルベールのおかげで堂々たる勢力[57]にのしあがった。コルベールが入閣したとき（一六六一年）の艦船の数は次のようであった。

一級船	三隻
二級船	八隻
三級船	七隻
輸送船	四隻
焼き打ち船	八隻

したがって総計三〇隻の軍艦があった。

彼の死去のさい（一六八三年）には、すでに完成した軍艦の数は一七六隻、その他にまだ六八隻が建造中であったので、それも加えると全部で二四四隻となった。

その主な内訳は、

一級船	一二隻
二級船	二〇隻
三級船	三九隻
四級船	二五隻
五級船	二一隻
六級船	二五隻
焼き打ち船	七隻
輸送船	二〇隻
三本マストの大型帆船	一七隻

④オランダ

オランダ艦隊も数十年間のうちに発達した。偉大なる十七世紀に、最初はささやかだったオランダ艦隊も、当時おそらく欧州最初の最大の艦隊となったわけだ。

一六一五～一六年のころは、オランダ海軍[58]はわずか四三隻からなり、そのほとんどが小型船であった。その内訳を見ると、乗組員九〇人が四隻、五〇人から八〇人が一一隻、五二人が九隻、それに一九隻のもっと小型の船からなっていた。ところが一六六六年には、連合ネーデルラント（オランダ）はイギリスに対抗し、士官、水兵あわせて乗組数二万一九〇九人、そして八五隻の艦船をもっていた。

には二〇隻が新しく造船され、三〇隻のガレー船が任務についた。[59]

⑤スウェーデン

スウェーデンは、十六、十七世紀には強大な海軍国であった。最初の軍艦が現れたのはグスタフ・ヴァーサ時代の一五二二年であった。一五六六年には、艦船のリストによると七〇隻あったことになる。スウェーデン海軍は十七世紀のはじめに大躍進をとげた。一六二五年

⑥イギリス

わたしはイギリスを末尾においた。ヨーロッパ最大の、この海軍国の成長について、他国より一層くわしく、かつ一層力をこめて語りたいと思ったからである。イギリス海軍力のこの迅速な成長ぶりはただ、プロイセンの軍隊組織の突然の発展とのみ比較できるであろう。次の報告は、わたしが個々に集めた各種各様の資料にもとづき、まとめたものである。

すでに見てきたとおりヘンリー八世は、たとえイギリス艦隊の創立者ではないにしても、その最初の偉大な推進者であったとみなすことができよう。彼の父親ヘンリー七世は、実は海軍についてあまり関心をもっていなかった。軍艦が必要になると、船舶をチャーターするだけで満足した。ところがヘンリー八世は、ただちに新しい軍艦の建造にのり出した。

一五一四年、彼は早くも積載量あわせて八四六〇トンの艦船二四隻、二六人の艦長、三五〇〇人の水兵、二四人の船長（マスター）、それに二八八〇人の水夫を擁していた。[60]彼の治

下に八五隻の軍艦がつくられた。その内訳は新造船が四六隻、購入船が二六隻、拿捕《だは》船が一三隻となっている。[61] 彼の治世の終わったときには七一隻の艦船があったが、それには容積あわせて一万五五五〇トンある三〇隻の貨物船が含まれていた。[62] エドワード六世はその治世第五年と第六年に、合わせて一万一〇六五トン、乗員数七九九五人の艦船五三隻を擁していた。[62]

ところが艦船数は、一五五八年のエリザベス女王の登場までにいささか減っていた。メアリー一世（在位一五五三〜五八年）の頃は四六隻であったがエリザベス登場のときは合わせて七一一〇トンの艦船三七隻、乗員五六一〇人であった。[62] これは信用せねばなるまいが、一五七三年のある専門家の評定によれば、英王室の所有船はわずか一三隻になってしまった。[63]

しかしその後、熱狂的軍拡の時代に入り、その結果、一五八八年にスペインの無敵艦隊が撃滅された。この記念すべき海戦におけるイギリス艦隊の構成については、きわめてくわしいことまでわかっている。また、はっきりしているのは、そのころでも依然として国直属の海軍に属するのは、船舶や水兵の極小部分にすぎず、むしろ大多数の艦船が傭船であり、水兵も傭兵であったことである。大勝利をおさめたイギリス艦隊を構成する艦船の一覧表は興味深い。[64]

女王の艦船	三四隻	六二八九人
ドレーク麾下《きか》の商船	三四隻	二三九六人
チャーターしたロンドン市の船	三〇隻	二一八〇人

大提督卿麾下の商船		
出動八週間分	八隻	五三〇人
戦争全期間	一〇隻	二二一人
貨物船	一五隻	八一〇人
大提督卿麾下の沿岸航行船	二〇隻	九九三人
ヘンリー・セイモア麾下の船舶	二三隻	一〇九〇人
志願した船舶	二三隻	一〇四四人
総計	一九七隻	一万五五五三人

決定的な勝利は、イギリスの戦力をけっして弱めず、艦隊の勢力も、その後、同じ水準を維持した。それればかりかエリザベス治下の末期にいたるまで、艦隊の規模は増大した。この女王の治世四十四年目には勤務中の艦船三三隻、ガレー船五隻、三本マストの帆船四隻、合わせて一万四〇六〇トン、乗員数六八四六人となっている。

スチュアート朝の初期にも徐々に戦力が増強された。その内訳は、一六一八年には三三隻の勤務中の艦船と、一〇隻のそうでない艦船合わせて一万五六七〇トンである。

また一六二四年にはガレー船とホイ〔一本マストの小型帆船〕を除いて三五隻の耐航力のある艦船合わせて一万九三三九トンとなっている[65]。

その後、共和国時代にすべての軍隊が突然強力に増強された。一六四九〜六〇年に二〇七隻の新艦船が、在来のものにつけ加えられた。そのうち一二一隻は、最終年の一六六〇年になっても十分に活動できた[66]。

たとえば一六五三年には（シャーノックによれば）イギリス海軍は乗員約二万三〇〇〇人・一三一隻の艦船からなっていた。イギリス軍が一六六六年、オランダ海軍に対抗させた艦隊（その勢力は今見てきたとおり）は強力な敵方の勢力に拮抗した。それは士官、水兵合わせて二万一〇八五人が乗る八〇隻の艦船であった[67]。一六六〇年に艦船のトン数は六万二五九四トンに増えた[68]。したがって約三十年の間に、なんと三倍以上になったわけである。

しかも、今や増強はとめどなく行われるようになった。一六八八年には、トン数は一〇万一〇三七トンとなった[69]。そして十七世紀末（一六九五年）には一一万二四〇〇トンになった。その時期をきわだたせるため、ここに、十七世紀のはじめとおわりにおけるイギリスの海軍力の興味深い対比をかかげてみよう[70]。

	（一六〇七年）	（一六九五年）
五〇トン以上の艦船の数	四〇隻	二〇〇隻以上
そのトン数	約二万三六〇〇トン	一一万二四〇〇トン以上
その乗員数	七八〇〇人	四万五〇〇〇人

さらにイギリス海軍艦艇のトン数(71)は、

一七一五年　一六万七五九六トン
一七二七年　一七万八六二トン
一七四九年　二二万八二一五トン

十八世紀末のイギリスの海軍力は、次のとおりであった（一七八六年五月三十一日付海軍省の目標から）。

軍艦　二九二隻　そのうち、
　戦闘艦　一一四隻
　五〇型砲艦〔戦闘艦と似ている〕　一三隻
　フリゲート艦〔三本マストの快速帆走艦〕　一一三隻
　戦闘用小帆船　五二隻

戦闘艦には五〇〇人から八五〇人の乗組員がいた。もちろん大多数の艦艇は退役した。完全に武装されていたのは（一七八七年）戦闘艦一二隻、五〇型砲艦五隻、フリゲート艦三五隻、それに戦闘用小帆船六二隻（本当かどうかは疑問だ）、常勤の兵員は一万八〇〇〇人で、そのうち水兵が一万四一四〇人、陸戦隊員三八六〇人であった。

⑦十八世紀末における欧州各国における艦隊勢力の概観（クリューニッツの著書による、六四頁の注を参照のこと）

イギリス　軍艦二七八隻（そのうち戦闘艦は一一四隻）
フランス　軍艦二二一隻
オランダ　軍艦九五隻
デンマークとノルウェー　武装船六〇隻
サルデーニャ　軍艦三二隻
ヴェネチア　軍艦三〇隻
両シチリア　軍艦二五隻
スウェーデン　戦闘艦二五隻
ポルトガル　軍艦二四隻
教皇領　軍艦二〇隻
トスカナ　数隻のフリゲート艦

第二章　軍隊の維持

1　軍の財政

軍の費用

われわれは、脳裏に浮かぶ強力な軍拡の動きについて経済学的な表現を求めたすえ、それを戦争、したがって軍隊の維持が国家に惹き起こした費用のなかに見出した。十六世紀の間、とくに十七および十八世紀にもっとも重要な軍事大国で、軍事目的に支出された次のような金額を列挙しても、なにも新しいことを言うわけではない。

戦争を行うことは、あらゆる時代でたいへん金のかかる事柄であった。中世において、軍備と兵力の維持に使われた金額に接すると、その巨額なことにただただ驚くほかはない。ルイ九世の第一次十字軍のための総支出は、一五三万七五七〇リーブル一〇スー一〇ドゥニエであり、一二五〇〜五三年の支出は一〇五万三四七六リーブル一七スー三ドゥニエであった[72]。

一三二七年に、フランス国王がジェノヴァの貴族ドリアから傭いあげた四〇隻のガレー船は、国王にとって四ヵ月間に一四万四〇〇〇フロリン金貨の支出を意味した[73]。これは一〇〇万マルクをこえており、最大のハンザ同盟都市の年間収益とほぼ同額である。

フィレンツェはスカラ家〔一二六〇～一三八七年。ヴェロナを中心に北イタリアでまず勢いをふるい、その後も活躍した貴族一族、芸術家の保護で知られる〕のマスティーノ二世に対する戦いで六〇万グルデン金貨を支出した。六ヵ月つづいたヴィルトゥ伯爵に対する戦いでは、フィレンツェは一五〇万フロリンを使った。一三七七～一四〇六年に、同市は戦争目的のために一一五〇万フロリンを支出し、一四一八年におわったミラノ大公を相手どる戦いでは二年たらずの間に三五〇万フロリンが失われた[74]。

ニュルンベルク市の軍事予算は一三八八年――といっても、実は十四ヵ月をまとめたものだが、七万八四六六フロリンに達した。これは平時のこの都市予算総額の約三倍である[75]。

しかしわれわれはさきほど、中世の軍隊はささやかであったことを学んだばかりである。それならば、十六世紀以来、陸軍が迅速に増強され始めたとき、戦争目的のための支出は一層急増したに違いない。とりわけこの軍隊の拡張と並んで、軍備（火器！）の充実がはかられるようになったという事情がある。

一五二二年、クリスティアン・ショイルル博士は、糧秣《りょうまつ》、輜重《しちょう》抜きで、通常の勢力をもつ軍隊の軍備費を半年で五六万フロリンと計算している。十六世紀の後半、南イタリアに輸送され、同地に約二年半駐屯したスペイン軍団には約一二五万ドゥカーテンの費用がかかった。オランダ独立戦争におけるスペイン王室の出費は年間二〇〇万～三〇〇万クローネン金貨であった。それは、オランダの商業がもっともはなやかであったときの同国政府の年間収入を上まわっている(76)。

市民の台頭と前述の常備軍の急増とともに、軍の財政も新時代に入った。それ以来、公共予算のなかへの軍事支出の規制的な記入が始まったので、かなり正確に当時の重要な諸国における戦争ならびに軍備用の支出の増大を追究することができる。

小さなイタリアの王侯ですらこの動きのなかに巻き込まれていったありさまを、すばらしい研究のおかげで(77)解明されてきた北イタリアのエステ大公国の財政が教えてくれる。ここではわずか半世紀しかへだたっていないのに、一五四三年と一五九二年では次のように大幅に違っている軍事予算額が示されている。

〈一五四三年〉

城塞の経費	七二〇リーブル
要塞の経費	一万七九三九リーブル
国内外の軍人の給与	二万二二一六・三九リーブル
合計	四万八七五・三九リーブル

〈一五九二年〉

要塞の経費	九万八四二四・七四リーブル

軍人の給与	五万九六七二・一五リーブル
合計	一五万八〇九六・八九リーブル

次にいよいよ軍事大国が登場するが、それにはまず北イタリアのピエモンテ（二万五〇〇〇平方キロあまりのアルプス山脈沿いの土地。トリノが中心都市）があげられるであろう。ピエモンテの軍事予算は、一五八〇～一七〇九年は次のような具合になっている(70)（ピエモンテ・リーブル）。

一五八〇年	三二万四六七三リーブル
一六〇五年	五五万三二七一リーブル
一六六〇年	一二〇万九四八二リーブル
一六八〇年	一六一万九五八リーブル
一六九〇年	二八二万三五一六リーブル
一六九六年（戦時）	九三九万七〇七四リーブル
一七〇〇年	二七五万リーブル
一七〇一年	四七三万八三四一リーブル
一七〇五年	四九一万七〇〇二リーブル
一七〇八／〇九年	八〇〇万リーブル

これだけの費用を出しても、わずか一部しかまかなえなかったスペイン継承戦争において、ピエモンテははじめてその真の軍事力を発揮した。それによりこの戦争はこの国に――ピエモンテは当時一二〇万の人口を擁していた――異常に巨額の軍事費を課した。一七〇〇～一三年には次のような経費がかかった[79]。

陸軍と砲兵　七七一〇万一九九〇リーブル
要塞　八九六万三三六四リーブル
経理目的（食糧と穀物の購入）　三九四万一七八リーブル
その他を含めた合計　一億二五五五万五五三二リーブル

この金額は総支出の五九・一二パーセントにあたる。またこれに債務の利息三九四〇万八九四〇リーブルを足すと一億六四九六万四四七二リーブルとなる。

この金額は総支出の七七・六八パーセントにあたる。

したがって住民一人当たり一三七リーブルで、また総支出は今日のドイツの九〇億マルクに相当する。

スペインはアルバ公時代に到達した偉大さをすでに失っていた。その年（一六一〇年）の軍事予算は次のとおりである。

軍隊の給料　六五万三九六三ドゥカード
艦隊　五三万ドゥカード
近衛部隊と兵士のための経費　二〇万ドゥカード
要塞　五万ドゥカード
兵器庫　一〇万ドゥカード
砲　二万二五〇〇ドゥカード
合計　一五五万六四六三ドゥカード
フランドル地方のための支出　一八〇万ドゥカード

その頃、スペイン国王の実際の収入は（そのうち五〇〇万ドゥカードは、副王、収税吏等に付与された）、アンリ四世が実施させ、しかもそれがヴェネチアの外交使節トマソ・コンタリーニの評価（一六〇〇万ドゥカード）とほとんど一致する調査によれば、五六五万八〇〇〇ドゥカードであった。ところが、そのうちの大部分が債務の利息に支払われてしまうので、レルマ伯爵の計算によれば、わずか四四八万七三五〇ドゥカードが王の手元に残るだけであった。(80) 債務支払いを計算すれば、その頃のスペイン国家歳入のほとんど九三パーセントが軍事目的用の支出であった。

フランスについては明らかにただ経常費だけを含めているものの、一五四二年の軍事支出に関するはじめて信頼するにたる計算書がある。ここに、これまであまり注意されなかった数字[81]をこまかく伝えておこう。

二〇〇〇人の兵士	九〇万フラン
報酬一〇〇フラン付二〇〇人増	二万五〇〇〇フラン
通常装備費	二〇万フラン
年間大砲装備費	五万四〇〇〇フラン
特別砲兵費	一万九〇〇〇フラン
マルセイユ海軍費	一四万フラン
ポネント海軍費	一万四〇〇〇フラン
衛兵（王室その他）費	二万フラン
二〇〇人の貴族（一人頭四〇〇フラン）	八万フラン
スコットランド人親衛隊	三万四〇〇〇フラン
フランス人の三射手部隊	九万三〇〇〇フラン
スイス人親衛隊	一万三〇〇〇フラン
ピカルディ〔フランス北部の地方〕国境の諸施設	九万フラン
シャンパーニュ国境の諸施設	一万五〇〇〇フラン
スイス兵への年金	二〇万フラン

大部隊長の給料	一万七〇〇〇フラン
兵役六年のイギリス傭兵への年金	二〇万フラン
合計	二一一万四〇〇〇フラン

確実にかなりの部分が戦事債務の利息にとられたこの年の全支出は、五七八万八〇〇〇リーブルであった。

十七世紀を通じ軍事目的の支出は急増し、ルイ十四世の戦争にあけくれた歳月に最高潮に達した。

アンリ四世時代には一六〇一〜〇九年にかけ、約六〇〇万リーブルが軍事費として支出された[82]。ルイ十三世の治下にこの数字は倍増し、ルイ十四世のもとではその後、なんとこれが四倍となった。ここに四十年ばかりはなれた二つの時期の、軍事予算の主な項目をかかげておこう[83]。（単位はリーブル）

	（一六三九年）	（一六八〇年）
スイス兵（スイス人部隊）	四〇万	六五万二五六七
戦争目的の特別支出	一二〇〇万	六二〇七万五五五〇
守備隊	三〇〇万	二四一万九三九九
砲兵	六〇万	七〇万四二七七

海軍	二五〇万	一四四〇万五七九五
要塞	六〇万	一二六七万八六〇九
軍隊への賞与	——	一三二万三八〇四
ガレー船	——	三六一万四七五三
軍事費総額	一九一〇万	九七八六万九七五四
予算総額	二九九〇万	一億二九六九万一五九八

ネッカーが一七八四年に示した予算のうち、陸軍のための支出は一億二四六五万リーブル、海軍のための支出は四五二〇万リーブル、あわせて一億六九八五万リーブルであった。[84]

これにつけ加えて支出されたのは、戦事債務（戦債）の利息のための支出二億七〇〇〇万リーブルと同種返済額二七五〇万リーブルがあった。したがって、全歳出六億一〇〇〇万リーブルのうち軍事目的の総予算は四億四三五五万リーブルで、その三分の二を占めた。

①ブランデンブルク‐プロイセン[85]

大選帝侯の下では戦争関係費は二五〇万ターレルで、国の歳入全体の三分の二を占めた。もちろん、そのなかからも軍事支出以外のいくらかの金額（外交や築城のためなど）が支弁され、他方、軍事目的に、他に補助金や債務が用いられた。

フリードリヒ三世治下（初代プロイセン王）では歳入総額が四〇〇万ターレル、軍事目的の支出が二二〇万ターレルであった。

フリードリヒ・ヴィルヘルム一世治下では軍事費はおおいにふえた。一七二九～四〇年の純粋な歳入は六九一万七一九二ターレル一〇グロッシェン四ペニヒであったが、そのうち軍事用支出が五〇三万九六六三ターレル二二グロッシェン五ペニヒ、戦争用の備蓄が九一万四四一六ターレル、合わせて五九五万四〇七九ターレル二二グロッシェン五ペニヒであった。したがって軍事用支出が歳入の八六パーセントに達した。

フリードリヒ大王は、治世最後の三年間に平均して、軍事目的に一二四一万九四五七ターレル、宮廷および他の民事目的に三九四万六六七六ターレルを支出した。軍事支出は歳入全体の七五・七パーセントを占めた。

フリードリヒ・ヴィルヘルム二世の治下（一七九七～九八年）では、歳入総額二〇四九万九三八二ターレル二二グロッシェン七ペニヒのうち、軍事費は一四六〇万六三二五ターレル一七グロッシェン三ペニヒで、七一パーセントに達した。

フリードリヒ・ヴィルヘルム三世の治下（一八〇五～〇六年）では、

歳入総額	二六九五万六八五八ターレル
軍事支出	一七一八万五一一二ターレル
国債の利子	一八九万六二九六ターレル
国庫	一一〇万ターレル

表1　隻数と費用の比較

年	隻数		費用		
	軍艦	商船	軍艦	商船	合計
1643	36	32	133,760 £ 3S 9d	74,811 £ 11S 6d	332,869 £ 15S 3d
1647	43	16	124,395 £ 12S	44,743 £ 8S	244,655 £

(£＝ポンド　S＝シリング　d＝ペニー)

表2　年度別艦隊用出費[88]

年	歳入総額	艦隊用出費
1652～53	2,600,000 £	1,400,000 £
1654	—	1,048,731 £ 13S 8d
1656～57	1,050,000 £	809,000 £
1657～58	951,000 £	624,000 £
1658～59	1,517,000 £	848,000 £

(£＝ポンド　S＝シリング　d＝ペニー)

表3　艦隊用予算[89]

時代(国王名で示す)	艦隊用	陸軍用	砲兵用	総支出
チャールズII世	300,000	212,000	40,000	1,171,315
ウィリアムIII世	877,455	300,000	50,000	1,907,455
アン	765,700	420,905	58,000	
ジョージI世	740,000	900,000	73,000	
ジョージII世	900,000	900,000	80,000	
ジョージIII世 (1770)	1,573,422	1,513,412	227,907	

(単位はポンド)

表4　戦時と平時における総支出（シンクレアによる）

国王名	艦隊用	陸軍用	砲兵用
ウィリアムⅢ世	19,822,141	22,017,706	3,008,535
アン	23,484,574	32,975,331	2,100,676
ジョージⅠ世	12,923,851	13,842,467	1,064,449
ジョージⅡ世	71,424,171	74,911,521	6,706,674
ジョージⅢ世（～1788）	11,672,948	96,565,762	17,079,011
1688～1788　1世紀の総計	139,327,685	240,312,787	29,959,345

（単位はポンド）

三者総額は二〇一八万一四〇八ターレルで、歳入総額の七五パーセントに達した。

最後にわれわれは、戦争によって疑いもなく過去数世紀にわたり軍事目的のため、最大の出費をした国の実情を知らねばなるまい。それはイギリスだ。

②イギリス

ランカスター家の時代には、あるすぐれた事情通が艦隊のための支出を約五万ポンドと計算している[86]。

十七世紀における数年は艦隊用の出費の金額を上のように示している[87]。

最後に、多くの読者諸氏にとって興味深いものと思われる一七八一年の特別軍事予算について述べよう。この年には歳出の総額が二四四〇万ポンドであったが、そのうち軍事費は一七五〇万ポンドに達した。しかしこの他になお、国庫証券の返済と間接税の赤字補償のために使われる五五〇万ポンドを加算しなければならなかった。この五五〇万ポンドをつけ加えた二三〇〇万ポンドが、歳出総額のほとんど九四パーセントに達した。

〈一七八一年のイギリス軍事予算の状況[90]〉

二万三一七人の水兵を含む九万人の船員と砲兵	四四四万六〇〇〇ポンド
艦隊の経常費	三六万六二六一ポンド五シリング八ペンス
軍艦の建造と改装	六七万一六ポンド
艦隊用借入金の償却	三二〇万ポンド
陸上の大砲配置	五八万二九二四ポンド一一シリング九ペンス
海軍の大砲配置	二三万四〇〇〇ポンド
一七八一年の砲兵隊のための特別支出	二五万二一〇四ポンド三シリング四ペンス
同じく一七八〇年分	四四万二一八二ポンド四シリング九ペンス
三万九六六六人の陸軍兵員	一〇四万九七七四ポンド八シリング一一ペンス
最高司令官とその幕僚《ばくりょう》	四万二九二七ポンド四シリング六ペンス
要塞守備隊と国外駐屯軍	一四八万八九二七ポンド
ドイツ人部隊の補助と維持	七一万五一一七ポンド一五シリング七・五ペンス
イギリス北部の民兵	六七万二四五七ポンド一五シリング

民兵用被服　九万九六七八ポンド一三シリング四ペンス
民兵部隊への補助金　六〇一〇ポンド三シリング九ペンス
八〇の独立歩兵部隊　一一万七六〇八ポンド六シリング八ペンス
一七八〇年分の給与の後払い　八四五二ポンド
ジョン・マレー卿の大隊に対する給与の後払い　一一〇七ポンド一六シリング四ペンス
軍事目的用の予期せざる異常事態のための出費　三三五万一五八九ポンド一三シリング四・五ペンス
廃兵用と直接支出　約一九万ポンド

さらに、ナポレオンとの戦いはすべての国民を極端に緊張させることを意味した。一八〇一年から一八一四年にいたる十四年間、イギリスは次のような支出をした。

艦隊用　二億三七四四万一七九八ポンド
陸軍用　三億三七九九万三九一二ポンド
砲兵用　五八一九万八九〇四ポンド
合計　六億三三六三万四六一四ポンド

これは一三億から一四億マルクにあたり、年平均四五二五万九六一五ポンド、すなわち九〇〇〇万マルクにあたる。その頃（十九世紀の最初の十年）のイギリスの人口は一〇〇〇万から一二〇〇万人、したがって国民一人当たり年間八〇〜九〇マルクの戦費を支払ったことをつねに念頭に置かねばなるまい。これは今日のドイツが六〇億マルクの軍事予算をもつことを意味する。実際には、今日のドイツでは軍事費は一〇億ドルをやや上まわっている程度である（これには利息と国債の返済が加えられている）。

物資の調達

軍事用の出資がどのくらいであったか？　そのためにどれほどの金額が支出されたか？　そしてこうした軍事費が資本主義の形成にとっていかなる意味をもっていたか？

本書の経過の中で、これらの疑問をこれからもしばしば解明せねばなるまい。だが、ここではただ、軍事目的遂行のための物資の調達が近代経済生活の形成にどんな重大な意味をもっていたのかという疑問を出すだけにとどめよう。物資とは前掲の数字のなかに表されているとおり、その数字が国庫に関連した場合の物資であることはいうまでもない。

軍事需要充足のために物資が集められる方式は、公共機関が一般に収益をあげるときの方式といささかもかわりない。一方では王侯のいわゆる御料地からの収益の他にもっとも広い意味における税収入、それに借款があり、この両者が収入源となる。また以前に数世紀にわたり軍事物資調達のために重大な役割を果たしてきた特別な収益方法である補助支払金をつけ加えねばなるまい。これは富裕国、とくにオランダとイギリスが大部分の戦争に肩入れしてきた形式である。

これらの持てる国は戦争をせねばならないのに資金のない王侯、とくにドイツの王侯をこの方式で援助してきた。これは、小国の財政にとってきわめて重要でそれにかなり多額にのぼる資金である。たとえば、大選帝侯は一六七四～八八年に二八六万三二八一ターレル一九グロッシェンの補助金を入手した。ブランデンブルク選帝侯フリードリヒ三世（初代プロイセン王）は一四〇〇万ターレルを受け取った。フリードリヒ大王は一七五八年から一七六一年の間にイギリスから毎年六七万ポンド、すなわち一三五〇万マルクを受け取った。(91)フランスとの戦いに終始した一七九三～一八一四年の二十年間、イギリスは外国の君主たちに四六二八万九四五九ポンド、すなわちほとんど一〇億マルクの補助金を与えた。(92)

軍事物資の調達が資本主義にとってもつ意味は、とくに次の諸点にある。

（一）まず資本形成が促進された。このことはとくに重税の圧力と強制的な信用貸しの請求が資本の蓄積を妨げてきた事実に照らし合わせると、まるで逆説的な感じを与えるであろう。しかし軍事物資の調達は、一方では疑いもなく資産の形成を緩慢にさせるものの、他方ではこれを促進させること、しかも資産がいち早く資本の性格をもつ傾向のある場合にはとくに、資産の形成を促すことも事実である。増税あるいは公的信用（公債）の承認、あるいは取り次ぎ、あるいは譲渡によって多くの人々が富裕になった。彼らは己の富を商工業の発展のために利用した。あるいは贅沢のための彼らの支出の増加（これについては拙著『恋愛と贅沢と資本主義』〔金森誠也訳、講談社学術文庫〕のなかで証明しようと試みた）が資本主義発展の刺激を与えた。

換言すれば、さまざまな形式で資本主義をつくりあげた市民の富のかなりの部分が十六、十七そして十八世紀に（とくにフランスで）税の賃貸借によって、そして（とくにオランダとイギリスで）公債に関連する利息の収益および両替の差額による収益によって発生した。

これらの方途によっていかに資産がつくられていったかをこまかく追究することは、本書の研究主題からはかなり逸脱してしまうであろう。そこでこの問題をわたしの次の著書、すなわち市民階級の発生を扱った『ブルジョワ』（金森誠也訳、中央公論社）のなかで、関連して取り扱うことにし、ここでは今述べた主張の正しさを証明できる数字をかかげることにとどめよう。

よく知られた富の形成として、フランスの収税請負人の迅速な富裕化がある。

ディドロは若い野心家に質問する。

「君は読み書きができるかい？」

「はい」

「算数ができるかい？」

「はい」

「君はどんなことをしても金持ちになりたいかい？」

「まったくそう思っています」

「それは結構だ、わが友よ。君は収税請負人の秘書になって主人の方式を継承するんだね(93)」

同時代人のもろもろの判断は、このディドロの指図が正しかったことを十分に保証している。一六二六年の名士会の陳情書には次のように記されていた。「人は富裕になることを欲している――とくに『財務担当官』などになり――数年のうちに富裕になることを」(94)。

あるパンフレット作者は書いている(95)。「財務官にとっては一年に一〇億エキューを得るだけでは十分ではない。彼らは自分の属官や仲間を彼ら同様富裕にさせることを望んでいる」、「彼らは多くの人々を極端に富裕にする」と思慮深い、しかもつねに情報通のグルヴィーユは判断している。

しかしわれわれは、このような一般的な発言を確認するために、ありあまるくらいの個々の報告ももっている。ここでは上述したような方法で巨万の富を得たことがわかっているビュイヨン、エメリ、フーケら、あるいはマザランのような大権力者の生活の歴史を想起するだけで十分であろう。ビュイヨンは一六二二年に六万エキューの収益を得た。一六三二年、彼は大監督官になった。一六四〇年（死去にさいし）、彼は七〇〇万リーブルの収益を残した(96)。マザランには六〇〇〇万リーブルの財産などの遺産があった。

フランスの財界人の富がどれほどあったかを一通り概観する上で、不正行為のために罰せられた「事件渦中の人々」のリストが役立つ。一七一六年のこのリストにはあわせて一億四七三五万五四三三リーブルの罰金を科せられた七二六人の名前がのっている(97)。個々の罰金額、追徴課税額は二〇〇〇リーブルから六六〇万リーブルの間を動いているが、最高額を科せられた者はかの有名なアントワーヌ・クロザである（実際には、これは課税の一小部分である――推定によると約二〇〇〇万リーブルが王室金庫に流入したとみられている！）。こまかい段階別課税の分類は、次の表が明らかにする。それでは課税された者の数をみると、

五万リーブル以下	二九八人
五万一〜一〇万リーブル	一〇五人
一〇万一〜二〇万リーブル	一二七人
二〇万一〜三〇万リーブル	六八人
三〇万一〜四〇万リーブル	四二人
四〇万一〜五〇万リーブル	二六人
五〇万一〜一〇〇万リーブル	四〇人
一〇〇万一〜二〇〇万リーブル	一三人
二〇〇万一リーブル以上	六人

戦争目的の借款で利益を得た者のいわば代表者としては、初期資本主義時代のもっとも富裕な二家族、フッガー家とロスチャイルド家があげられる。一七九二年と一八一六年の間に軍事借款の割増金の利益が五二〇〇万ポンドであったと計算されている。[98]

ともに戦争のおかげで富裕になったフッガー家とロスチャイルド家は、こうした富がつく

られるさいの二つの形式を示しているが、一方をドイツ式、他をユダヤ式として対照させてもよいだろう。すなわち前者が貸し付け承認であり、後者が証券取引所方式による借款の発行である。また前者が面談の上実現する個人的信用であれば、後者は「公衆」から見えないところで行われる非個人的信用である。

しかしこれによって、すでに軍事物資の調達が資本主義の育成にきわめて重要な意味をもつ第二の点にかかわったことになる。

（二）　軍事物資の調達は経済生活の商業化を促進した。

十六世紀の最初の国際的な証券取引所は、エーレンベルクが明確に記述しているように、公債の請求権の取引から直接発生した。公的借款組織の発達を通じて、有価証券取引所は、完全に成熟した。有価証券の取引と有価証券の投機は、もちろんはじめは巨大な海外貿易会社の株式を足がかりにして発展した。しかし、つねに公債の請求権はそれと並んで、重要であった。十八世紀の中頃、アムステルダム証券取引所で記入された四四種の有価証券のうちで、二五種が国内債券、そして六種がドイツ関係の債券であった。十八世紀の終わりまでに国内債券は八〇種、ドイツ関係債券は三〇種に増えた。

しかしその後、本格的発展が始まった。有価証券の発行が十八世紀末期以来相次いだ（これは当然のことである。国債の増加について前にかかげた数字を参考にしてほしい）。一七七〇年までにアムステルダム証券取引所は創立以来二億五〇〇〇万フロリンの借款（債券）を引き受けたが、ロスチャイルド家だけで一八一八～三二年の十四年間に四億四〇〇〇万マルクの公債の指図証券を振り出した。

　戦争が証券取引所をつくった。この点でまずはっきりしているのは、有価証券の取引所の設立である（のちにはこれが物産取引所の育成にも強力に関与したことがわかる）。しかも（奇妙な関連だ！）、ユダヤ人が証券取引所をつくったのだ。ゲルマン人の好戦欲とユダヤ人の商売感覚がここでは協力した。だが、証券取引所の発生というこの問題は、「ユダヤ人」という項目にも「戦争」という項目にも登場する。そこで、わたしはここではわずかな指摘をするのにとどめ、読者諸氏には拙著『ユダヤ人と経済生活』（金森誠也他訳、荒地出版社）で詳しく研究されることをおすすめしたい。その本でわたしは経済生活の商業化、証券取引所化の過程を綿密に追究した。
（三）　とくに補助金の支払いが経済生活に与えたと思われる作用を取り上げよう（この実施においては当然のことながら資本家が直接かなりの収益をあげた）。ところでこの作用は、わたしの知るかぎり、ただ一人の研究者ウィルソンによってのみ注目された[99]（彼はその後これを自身の研究の中心においた）。とくに考慮すべきは、補助金支払いによって実施された外国への巨額な現金支払いがいったいどの程度、イギリスの為替相場に影響を与えたかということである。
　為替相場が持続的にこうした現金供与によってイギリスに好都合なように決定されたと考えられる。ところが不利益な為替相場は、周知のように輸出にとって促進要素として作用する。したがって、イギリスの輸出は持続的な現金供与によって強力に促進され、そのおかげで、産業的資本主義は大躍進した。実際にイギリスの輸出は一六九八～一八一二年に輸入を三三一八万三一七一ポンド上まわった。ところでこの輸出増進に、不利な為替相場がどのくらい関与していたか？　そして、これにどのくらい補助金の支払いがかかわっていたのかは、いま一度根本的に調べてみる必要があろう。

（四）巨額の資金がある国にとくに、戦争の賠償の形式で流入することが資本主義の発展の動きを活性化する働きがあることは、いうまでもなくよく知られた事実である。普仏戦争後の創設期〔ドイツにおいて一見経済的な飛躍が見られた一八七一～七三年の時期〕のドイツで見られた現象、「一〇億フランの至福」〔フランスの対独償金は五〇億フランだが七一年中に一〇億フランを支払うことになった〕はいつの時代にも見られる現象なのだ。

2　軍備の基本原則

国など上級の機関が面倒を見ている場合、軍隊の維持はつねに二つの行為を通じて達成される。ひとつは物資の調達、もうひとつは物資の効果的利用である。国家（都市あるいはその他軍隊を擁している組織）は二つの末端、すなわち需要をもつ軍隊と実際上の軍隊の維持者を結ぶ関節である。国家が意のままに処理できる物資、国家が軍隊を養うための物資が活用され、戦時あるいは平時に戦力の保持が一国の経済生活に及ぼす作用の方式と大きさを決定する。

しかし実際の歴史をみると、十六〜十八世紀のヨーロッパ各国における物資利用の実態をはっきりと認識するためには、前もってこうした物資活用のさまざまな可能性をはっきり描き出さなくてはならない。物資の活用は軍隊の装備と同じことを意味する。国家は利用できる物資を、目的に即して規定どおり使用することによって、軍隊を装備することになる。ここではっきりさせねばならないのは、まず前もって軍隊の装備について理解せねばならないことを確定した後、軍隊の装備を成功させるにはどんな方式があるかということである。

軍隊装備の組織は軍隊管理の一部で、軍隊の存在と正確な機能にとって不可欠なすべての物資を供給する任務をもっている。これらの物資の内訳は、①兵器、②運搬手段すなわち馬と車、③維持手段すなわち食糧衣類の物資の供給であり、これらが一段落しても、そのあと軍の、

武装
輸送（騎乗）
給食
被服
住居

などの諸問題が生じてくる。

これらの問題は、きわめて多様な根本原則にもとづいて解決される。軍隊装備の組織はまずはじめに軍備担当官庁のあり方によって違ってくる。軍備は、分極化あるいは集中化の原

則に従って行われる。分極化の場合には、各戦士は己の必要とする物資として兵器、馬、食糧などを自前で持参する。これに対し、かつては「最高の大元帥府」（大元帥は国の元首が兼ねる」といわれた各国の中央機関が軍備を担当するならば、軍備は集中化される。その場合、国家がすべての軍人の維持に取り組み、兵器と輸送手段を提供する。

国家は、原則的には再び二つの異なった方式によって、これを行うことができる。国家は一方ではおのれ自身の機関、「官僚」を通じて世話をする。国家（都市など）は、その場合は「おのれの監督下」で軍隊の装備をすることになる。他方、国家は仲介者に軍備を委任することもできる。その場合、仲介者は報酬とひきかえに企業に取り組むのとちょうど同じように、軍備を実施する。これは、軍隊装備のために国家がつくりあげる「調達組織」と言われる。

純粋な分極化と純粋な集中化との間に、各種各様の中間段階がある。そのため、たとえば、個々の戦士がおのれの生活を維持しなければならない場合でも、国家は戦士に対し確実で値段も手頃な物資の供給を保証すべくつとめるのだ。

その他に、国家も個々の戦士も軍の装備にまったく取り組まないというケースもある。この場合、面倒を見るのは大佐とか大尉とかのなんらかの中間人物である（これがいわゆる中隊経済である）。

だが軍隊の装備組織は非常に多様に形成される。上述の組織原則はさらに軍備に必要な消費物資を所有するために、きわめて多様な可能性を残しているからである。こうした可能性は、一方ではとくに軍備の面倒をみる当事者自身によってつくられる。たとえば国家は、兵器、軍服、パン、軍馬を自国の経済のなかで生産し、その後、使用可能な物資を個々の戦士に提供する。他方、軍備の義務のある当事者である国家、中隊長、個々の戦士はなんらかの方式で他者によってすでに製造された消費物資を入手する。

原則的にまったく異なった方式で、もろもろの物資を「入手」することもできる。物資をなんの代価も払わずに他者から取り上げることができる。この方法でつくられた軍備組織が、略奪強盗の組織である。あるいは他者に対し、提供された物資と相殺になる代金を支払うことができる。多くの場合、等価の金銭で支払われる以上、人は他者から必要物資を購入することができる。この等価による供給を、二つの異なった方式によって実現することができる。一つは強制的な方式で、必要とされる物資の持ち主はそれを手放すか手放さざるかの選択が許されず、それればかりか、しばしば代金を持ち主自身が決めることができない。この方法は徴発といわれる。もう一つは自由意志による自由な購入である。この場合、売り手は売却そのものについて、さらに売却価格の金額について決定権をもつ。

軍備組織の図式

Ⅰ　軍備の対象

①　兵器、武装

②　馬、車両などの運搬手段（騎乗）

③ 生活維持手段
(a) 食糧、給食
(b) 衣服、被服
(c) 住居、住宅

II 組織自身は区別される

① 組織を管理する方式に従って
(a) 分極化
(b) 集中化
(イ)自ら監督する
(ロ)調達
(c) 過渡の形式

② 物資調達の形式に従って
(a) 自力で生産する
(b) 享受できる既製品の獲得
・代金を払わない略奪強盗
・代金を支払う
(イ)強制的買い上げ徴発
(ロ)自由な購入

それぞれさまざまな区別ができる標識（供給の主務官庁あるいは形式）から生ずる軍備のさまざまな組織は、各種各様の方式で組み合わさっている。分極化に依存した軍備も、集中化の原則にもとづいてつくられた軍備も、ともに物資の自己生産あるいは略奪、あるいは徴発、あるいは自由な仲買抜きの購入によって実現される。

軍備の形態がさまざまなのは、多くの組織が、これまた多様な軍の構成のなかに組み入れられるからである。これにより、さまざまな組み合わせが、数えきれないほど多くできてくる。当然のことながら、たしかに国家の軍隊にあっては、私有の軍隊とくらべ、軍備の集中化が一層容易になるし、また傭兵軍が自活している軍隊よりも、贅沢品の獲得に懸命になる傾向がある。しかし、一定の軍備方法がかならず一定の軍の構成と結びついていることはない。一つの軍備原則は、必然的に一定の軍の形式にけっして結びつかない（実際に歴史のなかではありとあらゆる結合がつくられてきた）。

むしろ作戦の技術が軍備の方法を決定する。

砲の使用によって、武器供給面の一種の集中化が容易に発生する。個々の兵士は矛槍や火縄銃で出撃するよう義務づけられていたにせよ、まさか一人でカノン砲〔砲身が長く遠距離射撃にむく火砲〕を持ちはこべといわれるわけはない。

それと同様に航海術の独特の方式にもとづいて、補給面の最小限の集中化がただちに必要になってくる。もし艦艇が一ヵ月間海上に留まることになるならば、一〇〇人あるいは一〇〇〇人の乗組員のための食糧を、とにかく出航時までに艦内に用意せねばなるまい。原則的にはここでも分極化の組織が適用される（そしてそれは歴史上にも、たとえば十二世紀のジェノヴァの船に適用された）。この場合には各水夫、各水兵が自分の食糧を持ち込むよう義務づけられた。しかし当然、このような場合にも、兵員の維持のために毎日新しく必要品を供給してゆける陸軍の場合より（少なくとも船一隻という）軍備組織としての集中化が不可欠となる。

　本書で今後、ここ数世紀間に軍備組織がどのように発達したか、そしてこの発達が近代資本主義の発達にとっていかなる意味をもっていたかを追究しようとするならば、軍備組織と市場の形成との間、および物資の需要との間にみうけられる関連に注目せねばなるまい。とりわけ大量需要と名づけられている軍隊の需要がいったいどのくらい、どのようにして生じたかを追究しなくてはなるまい。なぜなら軍隊の需要によって最初の巨大な大量需要が生じたという事実のなかに、資本主義に及ぼした軍備拡大のもっとも主要な影響の一つが見られるからである。しかしそれに先立ち、まず「大量需要」とは何かについて、次のような解答が示されるであろう。

　大量需要とは（結合、複合された）品物に対する巨大な需要でなければ、多くの同種類の品物に対する需要のいずれかである。大量需要のこの二つの方式は、集積によって発生する。この集積は、一方では技術的過程のなかで発生する。たとえば、巨大なカノン砲、巨船、大がかりな兵舎が必要なときである。他方、集積は個々の消費市場が有機的に並んで出現するときに生ずる。たとえば、個々の戦士のためではなく、数千人の戦士のための兵器を供給する場合に起こる。

これによって大量需要の発生や個々の消費市場の集積に、そもそもいかなる要素が影響を及ぼすかがわかってくる。その内訳を見てみよう。

（一）「技術」――一定の使用実績をつくり出すために一定量の材料を使用することに、そしてこの材料の仕上げにあたっては一定量の人間の労働力の使用が求められるのが技術である。これによって、技術的過程の実施に結びつく目標に達するための（生産）財および労働力の最小需要が生じてくる。たとえば一定の重さの弾丸を、火薬の爆発力によって、一定の距離を飛ばすには、まず一定の最小量の鉄または青銅を筒型に加工しなくてはならない。それには一定量の人間の労働力が要求されるし、また原料に対する一定量の需要が生ずる。

（二）「組織原則」――大量需要は軍備組織の集中化が強力に推進されればされるほど、それだけますます容易に発生する。

しかし大量需要は――他の条件が同じときには――装備される軍隊や艦隊が巨大になればなるほど、それに軍備義務の期間が長ければ長いほど、それだけますます容易に発生する。さらに、戦争が起これば起こるほど、そして長期戦になればなるほど、陸軍部隊や海軍艦艇が、根拠地から遠く離れて進出すればするほど、そして最後に需要の充足にさいして統一化の原則が発達すればするほど、それだけますます大量需要がたやすく発生することになる。

これまでの記述のなかで生じた疑問に、これからは解答を与えるべくつとめることにする。そのさい、われわれが探究する効果、実績の組織に従ってすべての軍隊制度のため材料を統一的にまとめるのでなく、むしろこれらの効果、実績をばらばらに分離して軍備の個々の分野のなかで観察したほうがより適切に目標に達せられるように思う。次章以下の標題が示しているように、軍の装備、給与被服、船による輸送というような各分野のなかで観察するわけだ。

なぜこのような手順にしたかというと、軍隊が個別の軍備の分野で経済生活に与える作用は、総合的判断ができないほど、あまりにも異なった性質をもちすぎていると考えたからである。たしかにこうした手順で観察すると、（たとえば軍隊の装備の種々の分野で同一の作用が出現するとき）どうしても反復が避けられなくなるだろう。それを避けるために、わたしは異なった箇所で同じように出現する物事の関連を、ある箇所でたいへんくわしく述べ、他の箇所では先のくわしく述べた箇所を指摘しつつほのめかす程度にとどめることにした。

原注　わたしは本書の記述において、軍馬についてはあっさりと触れるだけにとどめ（軍の調達業務を扱うさい）、また軍隊の居住問題（兵舎の用意）をまったく顧慮しなかった。それというのも、これについてわたしが集めた材料は、軍備をめぐるこの二つの分野を独特な視点で特別な章を設けて論ずるにたるようなすぐれた資材を提供してくれなかったからである。

第三章　装　備

1　火薬の導入

十四世紀と十七世紀との間、軍隊の装備とその更新にさいし、技術は、決定的とは言えないまでも、きわめて重要な役割を演じた。革命的な影響を与えた技術上の現象は、周知のように、火薬のなかに秘められたエネルギーを弾丸の発射に利用することであった。この発明を利用できるようにした武器は、一方では大砲であり、他方では小銃などの携帯用火器であった。両者は、武器が一兵士が携帯できるほど軽量かどうか、あるいは、武器の持ち運びに、一兵士がもつ以上の力が必要とされるかどうかによって区別される。

わたしは、奇妙にも火器という名をもつこの新しい投擲《とうてき》器の技術的発達を、周知のこととみなし、その利用に関してのみ、今後、いくつか報告しようと思う。火器の利用は、それが大砲であるか、携帯用火器であるかによって、まったく違った意味をもつ。大砲は、既存のもろもろの武器に新たに加わったもので、たしかに（破壁車、投石機などのように）旧式の攻城装置を駆逐したとはいえ、すべての軍事組織においては、ただ従属的な意味をもったにすぎない。これに反し、携帯用火器は、従来の攻撃用武器にまったくとってかわったため、この火器の進出は、今後、本書でも適切に表現されるべき新旧の武器の争いを意味した。

大砲

大砲がはじめて利用されるようになった時代がおおよそわかれば、それで十分であろう。大砲のくわしい歴史は、技術を問題にせず、これを扱わない場合には、もっぱら数量と規模の増大の歴史にすぎない。これについては、大砲需要の増大を扱った章で論じられることになろう。

最初の「火砲」が、戦争で使われた年代は、かなり正確に規定ができる。それは十四世紀の二〇年代、あるいは三〇年代である。おそらく、ダンテが亡くなった年の一三二一年であったろう。ベルギーのモンス市は一三一九年に早くも「大砲づくりの巨匠[100]」を抱えていた。だが大砲という言葉は、そのころは、後世とは違った意味をもっていた。したがってわれわれは、この「大砲づくりの巨匠」という呼称からは、大砲の存在を確実には推しはかることができない。大砲は、一三三四年のメス市の年代記のなかで、はじめて明記された[101]。一三二六年、すでに金属製のカノン砲と鍛鉄の砲弾に言及した文書が現れている[102]（なお最初の鋳鉄砲弾は、フェルディナンド二世を相手どるシャルル八世の戦いにおいて用いられたと、ビリングキオは伝えている〈一四九五年〉）。

その後まもなく、ある戦いで火砲が使用された。すなわち一三二七年、「気のふれた」エドワード三世がスコットランドでこれを用いた。エドワード三世はこの新兵器を、そのころ軍事技術の先端を担っていたフランドル人から得たという。フランドルおよびブラバントにおける新兵器の使用が、それほど昔からあったということは知られていない。だが、一三六〇年以後、この地方のすべての市役所の会計係は、大砲関係の出費を計上している。(103) 一三三一年、スペインのアリカンテ市は「火を吐いて突進する鉄の球」によって撃たれたという。(104)

艦砲は、一三三八年、はじめて知られるようになった。この年、イギリス海軍の「クリストフ・オブ・タワー」号の装備のなかには、三門の大砲と薬室を備えた小型砲があった。「メアリー・オブ・タワー」号は、二薬室を備えた鉄製大砲と、一薬室を備えた青銅砲それぞれ一門を備えていた。最後に「バーナード・オブ・タワー」号は、二門の鉄製大砲を備えていた。(105) だが、イギリス艦船の装備について、大砲、火薬、砲弾が、しばしば言及されるのは、一三七三年以後のことである。ドイツでは、最初に火薬を用いる大砲を用いたのは、一三六五年、居城のザルツデルヘルデンを防衛したブラウンシュヴァイク-グルーベンハーゲン大公のアルブレヒト二世である。(106)

その後の数世紀、全世界が大砲を擁していた。王侯のほかに貴族、都市、それに諸団体がもっていたわけだ。大砲をすばらしく発展させたのは、十五世紀末、シャルル八世の陸軍である。この軍隊では、すでに一〇〇〇人当たり砲四門が備えられていた。実用に供されるようになった増加一方の大砲の数については、次節を見ていただきたい。

携帯用火器

携帯用火器の最初の使用もやはり十四世紀である。しかし十五世紀全体を通じてこの火器は、旧式の攻撃用兵器とくらべ、後退した感があった。一四三一年の神聖ローマ帝国議会の議決は次のように述べている。(107)「兵員の半数は小銃によって、そして半数は弩《いしゆみ》およびその付属品である、矢、鉛、火薬などによってそれぞれ装備される」。したがって新旧両式の武器の割合は一対一で、一部の人々が願ったように新式が優勢にはなっていなかったと見てよいであろう。

一四六九年になってすら、帝国議会の議決は、トルコ軍に対する戦いにさいし、歩兵については新旧の武器に同一の割合をもつようとり決めた。半分が携帯用火器、半分が弩と決められたわけだが、実際にはこの規定が十分に満たされず、携帯用火器の割合はずっと少なかったであろう。実際の火器による軍隊の装備について述べた十五世紀の報告によれば、どうしてもそのような結論に達せざるをえない。一四二七年、フス派のボヘミア兵を制圧した八万人（?）の兵士の下にあった小銃はわずか二〇〇挺であった。(108)一四二九年、シュテッティンを攻撃したブランデンブルク軍の一〇〇〇人の歩兵のうち、小銃で武装した兵は五〇人であった。一四四〇年、チューリッヒで召集された二七七〇人の兵のうち、小銃をもっていたのは六一人であった。

一四四八年のザクセンの選帝侯フリードリヒの徴兵にさいし、次のように望まれたことは、要求過剰の感があったろう。(109)それは各都市は、四分の一が弩、四分の一が槍、四分の一が鉄製の戦闘に使える農機具、そして四分の一が良質小銃をもった兵を差し出せというのだ。十五世紀における火器とその他の武器との割合「一対三」は、ドイツ諸侯の徴兵のさい、後者が削限された。たとえば、一四七七年（ザガンという〈低シュレジエンの都市〉攻略のため）に召集されたアルブレヒト・アヒレスの軍隊のなかでは「四分の一が小銃手であったという」(110)。

（歩兵において）すべての武器に対する小銃の割合について、火銃の歴史に関する最良の識者は、十五世紀の末期、スペインで三分の一、ドイツで六分の一、フランスで十分の一と見ている(111)。

十六世紀になってはじめて、他の武器（とくに槍）に対する火器の割合が同一、すなわち一対一となった。この動きを促したのは、十六世紀に軍事の分野で指導的役割をした民族、スペイン人である。小銃の歴史のなかで一時期を画したのは、一五二五年、パヴィアにおけるスペイン小銃兵の戦いである。天才アルバ公〔一五〇八〜八二年、スペインの軍人〕はスペイン軍の行動能力を最高潮に発揮させた。彼は、①各中隊に、それぞれ二〇人の小銃兵を配置し、②各連隊にもっぱら射手からなる二中隊を投入することにより、麾下の部隊の半数に火器を装備させた最初の人物である(112)。

他の国々はスペインよりいくらか遅れた。一五七〇年の神聖ローマ帝国歩兵部隊の場合(113)、第二二〇〜二二二条は全軍を火器で武装することを命じている。しかし、これは針小棒大の表現であろう。フレーンシュペルガー(114)は（一五七三年）、四〇〇〇人の兵のうち、二五〇〇人が槍、一五〇〇人が小銃をもっていたと見ている。これでは五対三の割合となる。

携帯火器の歴史にとって十六世紀のアルバ公に相当するのが、十七世紀のグスタノ・アドルフ〔一五九四～一六三二年、スウェーデン王。三十年戦争における新教派の勇将〕であろう。[115]彼は槍をたずさえた兵を歩兵の三分の一に制限し、不足分をすべて小銃兵で補充したために、早くも一六一二年には、まずはブライテンフェルトのバンナー将軍の連隊、ややおくれて若きトゥーン伯爵の連隊のように、全員が小銃で武装した連隊が出現した。しかし十七世紀全体を通じて、携帯用火器は、まだまだ優位を占めるにいたらなかった。モンテククリのような経験豊かな用兵家さえ、槍を武器の女王と名づけ、一五〇〇人からなる連隊について、六〇人の将校、四八〇人の槍兵、三〇〇人の盾持ち、八八〇人の小銃兵という兵力配分が適当であるとした。[116]

十七世紀の末期、ある発明が火器の完全な勝利を決定した。それは一六八〇年と一七〇〇年の間に導入された銃剣であった。一つの武器のなかに両要素、すなわち突き刺すことと、射撃することが統合されることによって、武器の分裂が解消された。それと同時に、重いマスケット銃〔十六世紀頃の火縄式小銃〕が、ずっと軽いライフル銃〔火打ち石銃〕にとってかわったブランデンブルク－プロイセンでは、槍兵が大選帝侯の治下に完全に消滅した。[117]フランスでは、十七世紀の末まで歩兵の半分が、そしてルイ十四世の治世の末期まで歩兵の全員が、攻撃用兵器として銃剣付きのライフル銃をもつようになった。[118]

紙製薬莢《やっきょう》を一六七〇年にブランデンブルク軍が、そして一六九〇年にフランス軍がそれぞれ導入した[119]。

これによって二つの強大な軍事国家において、携帯用火器の優位が確立された。

2　装備の更新

組織的機能としての武装、兵士が自分の武器を扱う方式は、軍備のもろもろの可能性を「理論的」に考察すればわかるように、まったく種々雑多につくられてきた。ここでは、武装の方式が初期資本主義時代に経てきた重要なもろもろの変化を、簡単に記してみよう。

騎士であれ国民軍であれ、はたまた傭兵であれ、中世の戦士は、一般に己の武器と防具を自ら持参した。大砲に火薬を入れた弾丸をつめて発射するようになると、この状況は変化した。それもはじめには、純粋に生産技術的な、外面的理由があったからである。大砲は、個々の戦士がどんなに望んでも、自ら持参することはできなかった。そのために、早くから都市や国家が、この強大な兵器の調達に、おおいに配慮したことがわかっている。それをはっきりと示すのは、それぞれの部隊に配置される大砲を保管する兵器庫、あるいは武器庫の建設である。はじめには市営、のちには国営の武器庫が現れた。したがって十五世紀には、パリ市は、すばらしく設備の整った武器庫をもっていた[120]。モンス、ブリュージュ（ブルッヘ）などの都市も同様である[121]。

十六世紀には、王侯は多くの武器庫を建てるべく努力した。その先駆者は将来の二大軍事大国、フランスおよびブランデンブルク‐プロイセンであった。一五四〇年、フランソワ一世は一一の武器庫と関係倉庫を建てた。早くも一五三五年、ヴェネチアの外交使節ジスティニァーニはイタリアの大砲よりも高級なフランスの大砲の威容に接し驚嘆した。この世紀のおわり、フランスは一三の武器庫をもっていた。[122]

ネアンデル・フォン・ペータースハイデンは、『教授書』のなかで、ブランデンブルク選帝侯は、十六世紀はマルクとプロイセンにあるすべての城と要塞に武器庫を設け、必要な武器をそこに保管していたと述べている。[123] 同じことが、イギリスのヘンリー八世についても言われている。そのころロンドン塔、ウェストミンスター、それにグリニッジに、大がかりなもろもろの武器庫があったという。[124]

有名だったのはヴェネチア共和国の武器庫で、これについてはドイツ人旅行家アンドレアス・リューフは一五九九年に次のように記している。「いずれも三つずつ控えの間のある広い三つの広間には甲冑、兜下頭巾《ずきん》、長槍、佩刀《はいとう》（いずれも鞘一個）、足台、それにすべての戦闘に必要な斧、ピッケル、つるはし、松やに用の鍋等があった。これは七〇〇〇名の歩兵のためのものであった[125]」。

十七世紀の末期まで、すべてのヨーロッパの国において、どのくらいの規模の武器庫があったかは、本書の第四節のなかにみられる新設された武器庫に関する記述を一瞥すれば十分であろう。[126] そこには、武器弾薬が製造され、保管され、使用された状況が記されてある。さらに本書の巻末で、わたしが現実に存在し、かつ必要とされた砲の数量について述べた概観も、当時のヨーロッパの武器庫について、いくらか説明してくれるであろう。
しかし、各武器庫には、たんに通常の大砲だけが保管されていたのではなく、むしろ別種の攻撃用兵器も貯えられていたことを指摘せねばなるまい。これによって、十五世紀から十七世紀にかけて、すべての武器が組織的に国有化への傾向をたどったことが証明される。当然、武器庫に貯えられた武器は、兵士に有償または無償で提供される役目を果たすようになったからである。

確認できる最初の国家による兵士への武器の供与は、戦争勃発時、戦前から軍隊に召集され、営内に残留していた国民兵に対して行われた。すでに言及しておいたネアンデル・フォン・ペータースハイデンは、武器庫の武器はこうした召集兵に装備するため貯えられていたと、はっきりと述べている。類似の「守備兵」の装備については、選帝侯治下のザクセンの状況が教えてくれる。それによるとザクセンでは火縄銃騎兵の一連隊が召集されたが、彼らは武器をドレスデンの武器庫から入手した[127]。

その後、国家による武器供与の組織は、しだいにすべての軍隊に広がった。多くの新兵器が誕生した十七世紀には、大改革がなされた。武器が私的な調達から、国からの供与へと変わったことによって生じた、さまざまな当時の移行過程を、われわれははっきりと観察することができる。

（一）　兵士は武器の一部を持参し、他の部分を国が供与する。

たとえばデンマークの武器に関する法令の第五一条は規定している。「各歩兵は検閲場へ良質の軍刀を、甲騎兵も同様に良質の軍刀と二挺の良質のピストルを、そして火縄銃手は軍刀とピストルを、それぞれ持参しなくてはならない。これに対し、他の武器と防具については、われわれがこれを供与する。歩兵については、上質武器供与の代償に、半年間で一ヵ月分の給与を削減する。甲騎兵については、胸甲の代償として一五ライヒスターレルを、また火縄銃手については、胸衣と背衣の代償として、一一ライヒスターレルをそれぞれ削減する(128)」。

この給与の削減は、代償の普通の形式となった。

(二)　連隊長は武器を統一的に供与し、毎月、兵の給与から代償額を差し引いた。

この意味において、ブランデンブルクの選帝侯たちは、十七世紀の前半に、連隊長たちと任命契約を結んだ。たとえばヒルデブラント・フォン・クラハト大佐は、一六二〇年五月一日付の任命契約のなかで、一〇〇〇人の「ドイツ兵」を提供すべく義務づけられた。そのなかには、適切な長さの銃身と、重量をもつマスケット銃と弾丸をたずさえた六〇〇人の火縄銃射手と、胸衣、背衣それに鉄製の甲《かぶと》をたずさえた四〇〇人の長槍兵がいた(129)。

(三)　武器がそのまま直接供与されるか、あるいは兵士が特別の武器費をもらった。

たとえば、大選帝侯フリードリヒ・ヴィルヘルムの「ありがたいおぼし召し」を示す、次のような一六八一年四月二十四日付の命令はいう。「良質の二弾式の火縄銃をそなえたすべての連隊と、新式の小型銃、長槍、それに豚毛状の槍を必要とする連隊には、それらを直接われわれの武器庫から与えられるか、あるいは必要金額を供与されることになる」[130]。しかし、これと並んで十七世紀全体を通して、国家による完全な武器の供与もみられた。

一六二六年五月四日、ハンス・ヴォルフ・フォン・デア・ハイデンは、火器騎兵五中隊を募集した。月給の削減と引き換えに騎兵はいずれも、武器や投げ槍を入手した[131]。一六四四年十月六日付のエーレントライヒ・フォン・ブルグスドルフ大佐の任命書のなかに、次のように記されている[132]。「武器に関しては、われわれは必要に応じて調達し、そのかわり月給から実費を削減することになろう。コルネット〔木管楽器〕、トランペット、それに軍旗についてもわれわれは用意し、検閲の月にはこれに対処するため、総計二万九二九ターレルを供与し、さらに代金を給料から差し引くことになろう」。

ここに大選帝侯が、アンハルト侯に一六七〇年九月十日と二十日に与えた書簡がある[133]（ツェルプスト文庫所蔵）。「再召集した一二四人の騎兵の装備に関連し、貴殿はわれわれの顧問、枢密会計官ハイデカムプフェンを通じ、一八〇〇ライヒスターレルを手形振り出しの形で受け取られることになろう。その後、短銃、刀剣、騎兵銃など必要兵器が、シュパンダウにある武器庫から、われわれに供給されるのと事情は同じである」（ここで注意すべきは、騎兵の武器を武器庫から供与するのは、例外であったということである）。

　しかし武器組織の更新については、次のことを知ることによってはじめて、その特徴的な意味を理解できるようになるだろう。それは武器の国有化と関連して、同時に、武器の形態の統一化、すべての武器組織の画一化が行われたことだ。われわれは慎重にその文化形成の力、まだ正当に評価されていないところの、ある理念の方向や態度が、世界史のなかに登場したことを意識したいと思う。この理念の方向や態度は、今日でも、ますます広範囲に、しかも迅速にひろがっている（そして今や資本主義的関心によって促進される）。われわれのすべての生活を決定し、整頓すべく正当に努力しているのがこの理念だ。武器統一という、思想のなかにわれわれが使用する商品統一化というこの理念がはじめて登場したのだ。

　軍事的必要にまだ迫られなかった以前のヨーロッパ中世初期の人間は、本質的価値は、二つの事物がまったく同一でないという事実に結びついていると考えていた。大地創造のさい、完全に同一な二つの物がなかったように、当然のことながら、人間もけっして以前につくったものとまったく同じものを再びつくりあげることはなかった。往時のあらゆる建物、衣服、家具、それに武器がこのことを証明している。

　実は、人間が自然のままではどうしても画一化されえないことは、すべての中世の生産物の外的表現が示す気まぐれなありさまから、我々はよく承知している。中世の簿記では、計算がまったくあっていない。ちょうど、時間区分が、まず規則正しい祈禱への強制によって定められたように、中世の人間の内的画一化が、まずは禁欲的修道院のなかで行われたありさまをここで詳述するつもりはない。しかし、注目すべき禁欲の別の形式として、軍隊的な規律への教育がある。そして合理化、機械化にほかならないこの画一化の外的表現は、兵士が必要とする物品、とりわけ武器の統一化のなかに見出される。これは外的表現であるとはいえ、やはり本質的な進歩である。それに内的統一化と外的統一化は、互いに制約しあっている。

　十六世紀にいたるまでは、あらゆる個々の兵士の武器と防具は、他の兵士とはちがっていた。これは騎士については当然のことだが、歩兵についてもそのとおりであった。そればかりではない。スイスの新しい部隊では、火器が登場するようになっても兵員はあらゆる種類の小型武器、戦闘用の斧、そしてとくに戟《ほこ》〔鉞《まさかり》と槍を併せた中世の武器〕を携行していた。一五六七年、トレイユには、「兵器の口径、形式、名称は、これを買った者あるいはつくらせた者の任意に委《まか》せられている」と書かれた文書がある。[134]

　大集団の用いる規格化された武器の最初の実例を、おそらく十六世紀の傭兵の長槍が提供するであろう。[135]長槍の規格化は、集団的効果を狙う近代の軍隊の根本理念にもとづいて、直接生じてきた。両者に共通しているのは脱個人化である。

　しかしその後、当然、火器が新しい、統一化への生産技術的な機会を与えた。十六世紀の末期、アウクスブルクの小銃製造業者は、バイエルンのヴィルヘルム大公に、その頃としては異常な「すべてが一定の弾丸に合わせてつくられている」[136]九〇〇挺の銃身を提示した。

　いよいよ口径の概念が、武器の分野に導入された。一五四〇年、ニュルンベルクのハルトマンが口径の基準を考案した。すでにフランスでは、フランソワ一世とアンリ二世の治下、カノン砲の口径の数が六種に限定された。この六種の口径は、ルイ十三世の統治がおわるまで、そのまま妥当とされてきた。一六六三年に、口径の数は注目すべきことに（これは技術の進歩とみなされている）一七種にふやされた。一七三二年十月七日付の勅令は、再び五種に減らした。五つの同種の砲架にあわせて、それぞれ二四、一六、一二、八、四インチとなった[137]。

弾丸もまったく正確に計量された。一七三三年に規格化はすべての火器に拡大された。統一化は、ライフル、火縄銃、それにピストルについても行われた。

プロイセンでは、カノン砲の基準となる口径（三、六、一二、二四インチ）が十八世紀、リンガー将軍によって導入された[138]。

3　兵器の需要

これらのことに関連し、武器の需要はますますふえていった。ひとつには、陸海軍の増強が武器需要の増大を求めるようになり、またひとつには、軍備の一層の向上が作用した。また、大砲の材料に対する需要が、既存の武器需要に新しく加わった。それと同時に、武器需要が一斉に促進されてきた規格化によって統一され、ますます増大した武器供給の国有化によって、一層巨大な数量になった。

このような一般的観察によってえられたものは、一層の正確さが望まれるにしても、ともかく包括的なデータを与えてくれる。武器需要の実績に関する数字に裏づけられた報告もこの一般的観察を確証してくれる。観察された時期の武器需要に関し、入手された統計的記録もかなり多くの暗示を与え、武器需要の全体像について、確実な判断を可能にさせる。この需要が数世紀あるいは数十年といった比較的短時間にいかに迅速に、そしていかに強力に拡大していったかも、かなりはっきりと追究できる。それというのも、最初の決定的な武器需要の増大はやはり十七世紀に起こったからである。

ごく小さな王侯の国々の政治を武器需要の側面から観察し、たしかに制限された範囲内であるのにもかかわらず、なかなか大きな数字に達しているのに気づくとき、われわれはいかに当時の武器需要が膨大であったかを、はっきりと理解できる。ここでは、実例として、再び、ブラウンシュヴァイク‐ヴォルフェンビュッテル公国をとりあげよう。なぜなら、この国の武器組織の歴史的発展については、きわめて良心的でしかもくわしい記録が残されているからである。

（十七世紀には）ただ弾薬だけでも、一つの攻城戦において四万四二六ターレルの費用がかかった。[139] 弾薬の消費については一つ記録がある。それには「ヒルデスハイム攻城戦における弾薬使用の統括的適要。ヒルデスハイム戦の軍事委員会によって採用され、一六三四年九月九日署名された」と記してある。

火薬　　七六九ツェントトナー〔一ツェントトナーは五〇キログラム〕七〇ポンド

火縄	六二八ツェントナー	
二四ポンドの小銃弾	三二三二個	
一八ポンドの小銃弾	七四個	
一二ポンドの小銃弾	三〇四個	
八ポンドの小銃弾	一〇〇個	
七ポンドの小銃弾	一二二四個	
三ポンドの小銃弾	九九〇個	
二ポンドの小銃弾	三〇〇個	霰弾《さんだん》
一ポンドの小銃弾	七九八個	
一〇〇ポンドの榴弾（砲弾）	三二五個	
五〇ポンドの榴弾	四〇三個	
六ポンドの榴弾	一〇八個	
三ポンドの榴弾	九八八個	

すでに十六世紀にも、小軍団（歩兵一万人、騎兵一五〇〇人）の大砲需要に関連する物品は次の一覧表によって示される。

歩兵一万、騎兵一五〇〇人からなる軍団に配備された大砲に必要経費が要求された。その概要は一五四〇年、シュツットガルトの公文書に見られる(140)。

四狙撃砲、四サヨナキドリ型砲、四短身・一長身の歌姫型砲、四長蛇砲、七雄タカ型砲、一二雌タカ型砲、二火砲、二大型・二小型臼砲。

金属全体の重量一一八〇ツェントナー　価格九四四〇G（グロッシェン）
車輪と車体　二〇〇〇G
砲弾　二三一八G
六〇〇〇ツェントナーの火薬　八四〇〇G
合計　二万二一五八G

小型の戦闘において、それぞれの砲に属する備品（表5参照）。

すべての砲弾と鉛の重量一五四一ツェントナー、すべての火薬の重量八九二ツェントナー、そして、輸送用に六六台の荷車と三三〇頭の馬が必要である(141)。

この表5にもとづいて、大軍団が必要とする物量を容易に計算できる。ここでいくつか数字をあげておこう。ヴァレンシュタイン（一五八三〜一六三四年、三十年戦争のさいの皇帝側の将軍）の砲兵がシュレジエンで敗退したとき、（第二陸軍大将就任にさいし）彼自ら再調達に必要な金額を三〇万フロリアンと見積もった。[142]

表5　各種砲の内容

砲数	砲種	重量（ポンド）	各砲の砲弾数	火薬量（ツェントナー）
3	狙撃砲	70	200	60
4	4分の1砲	40	250	50
4	強力蛇砲	20	300	45
6	野戦用蛇砲	11	300	24
6	半蛇砲	8	350	18
6	タカ型砲	6	400	12
60	小型砲ハック	20ツェントナーの鉛		8

シュリー（一五六〇〜一六四一年、フランスの政治家）は、政権にある間に武器弾薬のために一二〇〇万フランを支出した。[143]武器庫には彼の死去のさいにも、なお砲四〇〇門、砲弾二〇万発、それに四〇〇万ポンドの火薬があった。

ところで、軍艦はまったく派手に武器を消費する。アルマダ（スペインの無敵艦隊）の備品を見ると、二四三一門の艦砲、そのうち青銅製が一四九七門、鉄製が九三四門である。七〇〇〇挺の火薬銃、一〇〇〇挺のマスケット銃（その他一万本の長槍、六〇〇〇本の短槍、刀剣、斧など）、艦砲については一二万三七九〇発（平均五〇発）の砲弾が用意された。[144]

フランスの艦砲の数は、コルベール治下に七倍になった。一六六一年の一〇四五門から、一六八三年の七六二五門に増えたのだ。しかも増強された砲は主として鉄製で、一六六一年にはわずか四七五門だったのが、一六八三年にはなんと五六一九門になった[145]。

イギリスの艦砲[146]についても同じような大幅な増強がみられる。艦船に備えられた砲の数は次のとおりである。

一五四八年	二〇八七門
一六五三年	三八四〇門
一六六六年	四四六〇門
一七〇〇年	八三九六門

弾薬については、たとえば「ヘンリー・グレース・ア・デュー」号（これはすでに十六世紀の船である）のような軍艦は、四八〇〇ポンドの蛇紋岩製火薬と、一万四四〇〇ポンドの粉末火薬を備えていた[147]。

チャールズ一世の豪華軍艦「海の元首」号の装備を見ると、一〇二門の青銅製大砲を含め、費用は二万四七五三ポンド八シリング八ペンスかかっていた[148]。

再びわれわれは、中世全期を通じて知られておらず、明らかに戦争遂行という意欲から出発して、商品の世界に移行した需要形成のまったく新しい特徴、迅速な需要充足の要求に遭遇する。この生産過程促進の努力とともに、人類が自然な生活方式である有機的成長を脱却し、人工的、機械的生活形成への第一歩を踏み出したことは当然である。商品生産は、生きた人間による活発な活動である。それは血の通った人間形成の法則に従いながら、樹木の成長過程や、動物の生殖行為のように生物の内的必然性から、目標と尺度を獲得することになる。ところが、この根源的な生命の自然な動きも、外部から生産過程の有機的流れが阻害されてその外面的目的にかなった動きの持続が影響を受けるようになった瞬間に崩壊する。

この自然な生産過程の動きと需要の形成が、互いにしっくり並存している状況を破壊し、有機的需要の上に、さらに機械的に規定された需要を押しつけ、この新しい需要から出発してすべての生産を従来の軌道から逸脱させ、新しい軌道にのせて人工的に無理に加速疾走させることができたのはとてつもなく強大な力であったに違いない。この力とは、武器の需要のなかに示される軍事的な関心であった。

たとえば、一六五二年の三月と五月、イギリス政府が即座に、三五〇〇門の大砲を要求したとき、ただの手工業者にすぎなかった中世的生産者にとって、そもそも何を意味したかを想像してみるがよい。この年の十二月、一トン当たり二六ポンドで重量の総計三二二〇トンの鉄製大砲一五〇〇門、さらに、それと同じ数の砲車、一一万七〇〇〇発の砲弾、五〇〇〇個の手榴弾、一バレル四ポンド一〇シリングの粉末火薬一万二〇〇〇バレルを、ただちに用意せよと命令された！　代理業者はイギリス国内を駆けめぐり、すべての大砲製造業者の門をたたいた。だが、突然のこの巨大な需要を充足させることはできなかった[149]。

しかし、これによりわれわれは、ただちにこれから取り組むことになる他の問題の考察に移行することになる。それは武器需要の新しい動向が、経済生活にいかに作用したか、資本主義的組織の発展にとくにどんなきっかけを与えたかという問題である。

4　増大する武器需要の充足

増大する武器需要を適宜充足させる必要性は、経済生活の発展にとって二重の意味をもっている。まず、需要が山積し、販路が拡大され、これによって商業あるいは生産を資本主義的な組織にする可能性がつくられるというたんなる事実である。この作用が従来の経済形式の継続または変更、あるいはまったく新しい形式の創造となるにせよ、とにかく、強力なときには、あらゆる場合に需要の増大をひき起こす。

武器生産の分野でとくにひんぱんに起こる独特な作用として、新動向が経済的過程の基本的取り扱いに及ぼす影響が加わってくる。それは、新動向が、こうした取り扱いをきわめて高い割合で合理化するということだ。われわれはすでに軍事的関心にもとづいて、強力な合理化要求が自力で発展し、ついで軍事の物資に対する要求、まずは武器に対する要求を満足させるよすがとなる方法に移行するありさまを見てきた。これからは、武器生産にいそしむ経営者が、近代的特徴を備えた最初の経営者になる様子を観察し、さらに、この種の商品の生産販売のさいに見られる一連の、きわめて強力な経済の基本法則を考察することになろう。もともと、はじめは資本主義的企業ではなく国営の形をとるにせよ、こうした種類の商品の供給は資本主義の発展にとって重要となる。

武器そのものの生産は、当初は中世前期を通じて進んできた軌道の上を歩んでいた。とくに従来通りの武器、なかんずく抜き身の白刃や、防具の一部の場合はそのとおりであった（鋼製の装具は、著しく減少したが、それでも数百年間、腕や脚の副木《そえぎ》の形をとって用いられた。それに胸甲にも使われた）。この種の素朴な武器生産のために、数百年間にわたり、手工業が繁栄し発展した。それぞれ一定の土地で、特別な仕事をするために分業化していた甲冑製造者、刀鍛冶、刀剣製造者などがそれである。

中世の武器手工業者に関連して想起されるのは、トレド、ブレーシア〔イタリア北部の都市。金属、繊維工業で有名〕、ニュルンベルク、ゾーリンゲン、リエージュなどの都市名である。火器が登場したときも、しばしばそれは同じ武器産業の中心地で、同じような、手工業的な方式で生産された。この武器の生産に取り組んだのは銃製造業のツンフトの親方である。大砲ですら初期には小規模な手工業の親方によって、少しずつ仕上げられていった。親方はじめこれらの職人は、フランスでは大砲業者、砲工、ドイツでは銃工、あるいは火器工などと呼ばれていた。なぜなら十四世紀、フランドルで国費でまかなわれる砲をつくっていた者たちは、単純な手工業者といささかも違わなかったからである。

一三七九年、ジローム・パロールは大砲二門によって七二リーブルを支払われた。

一四〇二年、ピエル・ショーヴァンという「砲工」は一三門の砲をつくり、支払いを受けた、等。

——フランドルの勘定書および領収書より（リール大司教管区）。ガシャール氏の報告による、M・ジローム『軍隊組織』（一八四七年）七五頁を参照。

「ダム在住の砲工ジャコ・アダムへの大砲製造のための支払い——六七三リーブル」。

「ブリュージュ在住の砲工ジャック・カテラールへの大砲五門製造のための支払い——四四四リーブル一〇スー」。

——J・アボネルの『勘定書』による（五五、一八四頁他、一四三一年、一章一〇〇頁参照）。

この場合、大砲出現の初期に登場した鍛鉄砲が問題になったかどうかは定かではない（十六世紀になってからでもスペイン艦船の在庫には、わずか一〇門の鋳鉄砲と並んで三一門の鍛鉄砲があった）[150]。おそらくそうであったろう。鋳鉄の手工業的生産（鐘の鋳造）は昔から行われていたが、大砲の鋳造も、おそらく手工業的生産の枠内で行われたのであろう。

しかし、要求された武器の数量と種類は、時がたつとともに、古い手工業的武器製造法を打破せねばならなかった（手工業方式が危うくなったのは、販売の地理的拡大ではなかったことを、とくに武器産業の実例がはっきりと示している。多くの場合に見られるように、この面でも生産の資本主義的形式への発展は局地化、国内中心化への傾向と結びついている。

中世の武器の手工業生産の販路は、とにかく資本主義的武器産業の販路ほど制限されていなかった）。新需要の質と量は、手工業の衰退を招いた。もちろん、ある境界内では現代まで維持されているものもあり、手工業的な武器生産はその後何百年もつづけられてきた。トレドとブレーシアの刀鍛冶は、個性あふれる手工業者としての名声を保持した。そして、十七世紀でも、個人として卓越した砲製造工が、ヨーロッパのすべての国、とくにフランスに大勢いた[151]。

しかし、それは例外に留まった。大量生産もできないし、要求されたように迅速かつ型式どおりに納品できず、とくに火器に関するかぎり、進歩する技術に追いつけない手工業から武器生産の主流は、離れていった。とくにこのことは小銃について言える。銃身に筒部のない旧式銃であれば、どの手工業者も、特別な援助手段がなくとも製造できた。しかし、なかが空洞でなめらかになっている長い銃身、さらに、円型撃鉄遊底、槊杖《さくじょう》、それに木製銃床を備えた新型小銃はまったくちがった要求を打ち出した。このような小銃の専門的生産は、労働機能の特殊化と、加工機械と工具の進んだ装置があることを前提とした。まず、鉄砲鍛冶から銃身をつくりあげる金属の薄板（ブリキ）、いわゆる台板をつくる仕事が取り上げられ、その製造は、しばしば台板工とも呼ばれる鉄棒鍛冶工、あるいは金属棒鍛冶工に委ねられた[152]。その後も長い間鉄砲鍛冶は、自力で小銃全体をつくりあげたが、それも十八世紀の末期まで、労働過程のこの部分で特殊化が進み、すべての仕事の機能が、およそ一二の部分機能に分割されるまでのことであった。

早くも十六世紀に小銃製作のなかでも、軽い作業は婦人の手を借りて行われたらしい。これによっても、小銃は技術的理由によっても資本主義的に成熟したわけだ。

資本主義が、武器製造手工業の吸収（あるいは拡大）のさいに採用した経営形式は、請負制度と大企業であった。

旧式の手工業的武器製造業者から、市場と見本市で売るための製品を買い付けていた商人が、とくに相手が家内工業であった場合、資本主義的武器産業の組織者となったということを認めてもよいであろう。古い手工業的武器生産から、請負制度へのこの動きのもっとも興味深く、かつ意味深い実例を、ズールの武器産業が提供してくれる[153]。

ズールは早くから有名で、ティリー〔三十年戦争中の皇帝側の将軍、一六三二年戦死〕による同市の破壊までは、武器産業がヨーロッパで一番さかんな都市であった。ズールがもっとも繁栄したのは一五〇〇年から一六三四年の間である。ズールの産業を一六〇〇年当時、文学的に描いたのはズールの修道院長、ヨーハン・ヴェンデルである。彼によれば、ズールの銃砲商人は同地の製品をスペイン、フランス、スイス、それにヴェネチアに売りさばいた。さらに、彼らはクラクフにあるポーランドの武器庫や、ビリニュス、ラトビア、プロイセン、ダンツィヒなどへ、またとくにトルコ軍と戦う皇帝軍に武器を提供した。一六三四年には、ズールは「ドイツの武器庫」と呼ばれた。

残念ながら、生産量を示すような、ズールの武器産業繁栄時の統計はない。それでもなおかつ、ドイツの最初の武器産業の強大さを確証するとともに、軍の経理部とズールの請負人との間の密接な関係を示す十分な証拠がある。武器注文を表した数字はすでに十六世紀という昔でも、武器需要の増大がいかに著しかったかを示している。ここにこうした武器供給のありさまを、数量と注文主にもとづいて伝えておこう。

一五八六年、スイスのベルンはズールに、火縄発火器をそなえた小銃二〇〇〇挺と、鋼鉄製の車輪の衝撃による発火器をそなえたマスケット銃五〇〇挺を発注した。

一五九〇年、この年の大火の後、ルドルフ二世はプラハからズールに全権委員を派遣した。彼らは納品の促進をしきりに主張し、特別の恩典として、レーゲンスブルクからウィーンにいたるドナウ地方のすべての河川の航行税を免除した。

一五九六年、最大の請負人の一人で、その頃、しばしば登場したジモン・シュテールは、ノイブルクにあるファルツ政府に十四日間（！）で、薬池〔昔の火打ち石銃の備品〕発火器と完全燃焼可能な薬池をもつ一六〇挺のマスケット銃、これに付属する鋳型、洗桿、夾叉《きようさ》、大小の火薬瓶、それに一六〇の各種鳶口《とびくち》類、黒色で彎曲《わんきよく》した柄をもつ短い鳶口とその備品などを納品した。

一六〇〇年、同じ人物ジモン・シュテールは王の紋章つきの六〇〇〇挺の小銃をデンマークに納めた。

一六二一年、この年の二月、ドレスデンの兵器廠長《しようちよう》ブヒナーは、ズールに注文した四〇〇〇挺のマスケット銃のうち、二〇〇〇挺が到着したと報告した。

ザクセン軍による他の類似の購入は、この年にも行われた。

三十年戦争の破壊の後でも、ズールが大量の武器を供給できたことは、十八世紀はじめのプロイセンの陸軍経理部が結んだ契約からもわかる。一七一三年六月一日から一七一五年三月末にいたる「一般軍事費概算」の二九六頁は、次のように述べている。

第三五号――一七一五年四月、ダニエル・レッシャーに、ズールで発注した鉄製胸甲三〇〇〇個分の代金一〇〇〇ターレルを、一七一五年四月九日の注文にもとづき、先払いでただちに支払うものとする。

翌年の状況については三一〇頁に出ている。

第五二号――一七一五年七月、総計七七三九ターレル三グロッシェン六ペニヒになるが、供給者のレッシャーとホフマンに対しズールで製造した三〇〇〇個の鉄製胸甲を完全に納品した謝礼として、さしあたり五七三九ターレル三グロッシェン六ペニヒを支払う。

産業構造が明らかにズールと似ていたドイツの武器産業の他の中心地は、十七世紀、十八世紀ではやはりニュルンベルクであった。

とりわけプロイセンの陸軍経理部とニュルンベルクの請負人との間の、密接な関係が知られている。(154)

一七一三年六月一日から一九一五年三月末日にいたる一般軍事費の概算は次のとおり。

二九五〜二九六頁。

第三一号――一七一五年三月三十一日、ニュルンベルクで製造された九〇〇〇個の鉄製胸甲に、一七一五年三月二十一日付の訓令に従い、P・ブイレッテ・フォン・オーレフェルトに内金として三〇〇〇ターレルを支払う。

第三二号――一七一五年、同人に九〇〇〇個の胸甲の代金として、一七一五年四月五日付の訓令に従い一〇〇〇ターレルを支払う。

第三三号――なお同人に一七一五年四月二日の訓令に従い、ニュルンベルクで発注した胸甲に四〇〇〇ターレルを支払う。

第三四号――一七一四年の国家予算一般会計にもとづき、再びP・ブイレッテ・フォン・オーレフェルトに、ニュルンベルクで発注した胸甲の代金として、一七一三年五月二十一日付の訓令に従い、八〇〇〇ターレルを支払う。

大選帝侯はアンハルト侯にこのような書簡を送っている(155)(ツェルプスト文庫)。

「われわれはツェルの商人ハンス・ヴォルフ・シュナイダーに、三〇〇〇挺のマスケット銃、一〇〇〇挺の竜騎兵用マスケット銃、五〇〇門の火砲、五〇〇挺の燧発《すいはつ》および火縄発火器を備えたマスケット銃、さらには数挺の短銃とカービン銃を、納品するよう命じた……」(一六七四年九月十日および二十日)。

これらの動きと並んで武器産業工場が、しかもしばしば国営企業として発生した。ドイツでもっとも重要な国営武器工場は、シュパンダウ、ポツダムそれはノイシュタット－エーベルスヴァルデにあった。

十六世紀には、ドイツはイタリアと並んで武器産業の先進国であった。このため他の国々は、武器需要の大部分をドイツとイタリアで満たしていたことがわかる。たとえば、ヘンリー八世以来、武器需要がますます増大したイギリスのありさまを見よう。[156]

一五〇九年、ルイジ・デ・ファヴァとレオナルド・フレスコバルディは戦闘用武器の「巨大な在庫」をイギリス王室に売却した。

一五一〇年、ヘンリー八世は、ピエル・ディ・カ・ペラサの仲介により、四万個の弓をヴェネチアから輸入する許可を得るよう働きかけた。

一五一一年、ルイジおよびアレッサンドロ・デ・ファヴァに、五〇〇個の弩の代金として二〇〇〇ポンドが支払われた。

――同年ヘンリー八世は、リチャード・ジャーニンガムと他の二人の貴族を、武器と戦闘資材の買い付けのためドイツとイタリアに派遣した。

一五一三年、ジャーニンガムは、ミラノで五〇〇〇人の歩兵用のドイツ式甲冑に関しきわめて有利な取引をしたと報告している。

――同じ時、ヘンリー八世は、ウォルセーの仲介で、二〇〇〇個の甲冑購入のためにフィレンツェ人商人ギー・ド・ポルトゥナリーと契約を結んだ。

一五四四年、ヘンリー八世は、ブレーシアで一五〇〇個の弩と一〇五〇個の甲冑を購入することに関し、ヴェネチア共和国総督に問い合わせた。

しかし、ヘンリー八世はイギリスを武器に関して外国の羈絆《きはん》から脱却させ、自国に兵器工場を設立することにむかって努力した。このため王は――その時代の習慣に従って――ドイツ、フランス、ブラバントそれにイタリアの武器生産者をイギリスに招いた(157)。明らかに彼らは、ただちに大企業的な基礎の上に立つイギリスの武器産業、なかんずく小銃製造業をつくりあげた。とにかく十八世紀の中頃から、しだいにイギリスの小銃工場が、ヨーロッパのなかでもっとも巧みに運営されるようになったことが知られている。

当時の小銃製造について、業界に精通した人物が次のように述べている(158)。

「そもそも工場を、巨大な関連施設のなかに建てることが必要だということを、もっとも端的に示すのが、小銃製造工場である。小銃は多種多様の部品から成るか、あるいは多種多様の作業を経て製作されねばならぬ。長い間の経験は、とりわけ燃料を扱う作業においては、数人の労働者があれこれと多くの作業に手を染めることなく、ひたすらこの特別な作業に専念し、そのさい互いに協力しあったほうが、ずっと迅速で、しかも巧みに仕事ができることを教えている。とりわけ、イギリスの小銃生産工場ではこのような具合になっており、したがってイギリスの製品は他国の製品を凌駕するすばらしい特徴をもっている。それに小銃製造工場の仕事は多額の費用を必要とし、したがって個々の親方の作業ではできないもろもろの機械や、他の設備の利用によってたいへん容易になる。国家はまた、すべてが単一の監督の下で作業した場合には、国軍に対し、武器が良質であり均一であることを、ますますはっきりと保証することができる。このことはよく認められており、したがって小銃の製造部門はどこでも大工場施設のなかに置かれている」。

これにつづく記述から、その頃、小銃製造業がすでにマニュファクチュアの段階を克服し、工場方式に組織がえされていたことがはっきりとわかる。もしアダム・スミスが、あの不運なピン〔留め針〕のかわりにこの先進工業にもとづいて、分業の効用に関する彼の観念を獲得したのであったならば、おそらくすでに当時から、大企業で仕事量が増大している根拠を正しく認識したであろう。さらに労働の生産性についての理論が、その後数世紀、空しい軌道の上を走らなくてすんだであろう。

他のヨーロッパの軍事大国でも、武器産業はそれらの国の筆頭産業となった。

フランスでは、コルベールが多くの国営小銃工場をつくり、また私企業もこうした軍需工業を広い資本主義的な基盤の上にのせて経営した。当時、国王は（一六八三～九〇年の間に）、少なくとも毎月一〇〇〇挺の火打ち石銃を供給した、アングモアのある工場主に、貴族の称号を与えた。[159] 十八世紀には、フランスには多数の小銃工場があった。もっとも有名なのは「王立造兵局」である。セダン、サンテチエンヌ、ヴェルダン、および他の土地がこの繁栄する武器産業の所在地であった。

スウェーデンでは、グスタフ・アドルフの努力により、武器産業は十七世紀に発展した[160]。一六一八年、この王は農家における武器生産を活発化するため、彼らを「代理店」とした。これらの農家のいずれもが、毎週、一挺の大型マスケット銃を製作する義務をもった。彼らは王室から材料をもらい、税金を免除され、製品を納入すれば一部を現金、一部を現物で支払いを受けた。これらの「代理店」が、やがて小銃工場に発展した。たとえば一六二六年、ノルテリエ小銃工場ができた。一六四〇年、ストックホルムのある工場では、火縄式のマスケット銃一万挺、撃鉄つきのマスケット銃一四一挺、それに（武器用）熊手一万二〇〇〇本を生産した。

ズールの「武器工場」と同じタイプを示したのは、十七世紀以来、重要な意義を獲得したリエージュおよび周辺地区の武器産業で、これは、当時からベルギー産業の中核となった[161]。

これに反しロシアでは、武器工場はただちに、すぐれた経営基盤にのって登場した（まったく模範的な工場ないしマニュファクチュアの組織であった！）。セストロレーツク火銃工場では、ピョートル大帝時代に六八三人の労働者が働いていた。ツーラの国営小銃工場には五〇八の農家の家族が配置された[162]。

国営的性格をもつ他の有名な武器工場は、アルザスのクリンゲンタール、コペンハーゲン、およびエルキストゥナにあった。

スペインは、十六世紀にはおそらくヨーロッパ最大の軍事国家であったろう。この国の武器需要は大量だったが、一部は工場で、一部は家内工業で、また一部は国内で、一部は国外で生産された。商人や企業家との取引はまったく大規模な方式で行われた。火縄銃の供給に関しては、ファン・デ・ベシナイとの一五三八年の一万挺分の契約がある。またピアチェンツァのファン・イパニエス、オリオのアントン・デ・ウルキロス、エイバルのファン・デ・オルベアおよびファン・デ・エルムアとの一万五〇〇〇挺分の契約もあった。[163]

スペイン王国の小銃工場はコルドバ、バルセロナそれにエルゴイバルにあった。きわめて早い時期から、大砲の鋳造は工場的に行われた。はじめは青銅鋳造、ついで、銃の鋳造がもっぱら行われた（わたしが前節にかかげた統計がこのことを示している）。発展の最高段階に達したのは、イギリス、フランス、そしてスペインである。

イギリスでは、十六、十七世紀には、サセックスが（製鉄業もそうだが）大砲鋳造の中心地であった。ここにはキャムデンが報告したように[164]「大砲やそれに類する他の武器を製造する、大量の金属があった」。

一六〇三年、ウォルター・ローリーは、イギリスの大砲鋳造の讃歌を作った。[165] この工業がどのくらいの規模と意味をもっていたかを次の動きが示している（あの頃は当然、生産の統計がなかった。したがって業績の大きさをもろもろの兆候から推量せねばならない）。[166]

一六二九年、国王はサー・サックビル・クロウに、六一〇門の大砲を、グロチェスターシャーのディーンの森にある王立鋳造所に製造を委頼した。国王はさらにその後、有名な商人フィリップ・バーラマッチにこれらの大砲をオランダに売るようたのんだ。それは一六二六年、三〇万ポンドで質入れした王冠の宝石を武器との交換で再入手するためであった。「かくしてイギリスは、鉄製大砲の製造については、ヨーロッパの他のいかなる国にも、依然としてまさっていた」。

すでにエリザベス女王の時代から、イギリスは外国に大砲を輸出できた。しかも（輸出禁止令があるにもかかわらず）これを実施した。[167] デイヴィッド・ヒューム（一七一一～七六、哲学者、歴史家）の判断は少なくとも、（大筋では）次の発言からしても正当である。[168] すなわちヒュームは、ジェイムズ一世の時代には、造船と大砲鋳造がイギリスが卓越している数少ない工業であり、イギリス人のみが、当時、鉄製大砲を鋳造できる秘訣を知っていると述べたのだ。だが、これはかならずしも正しくない。十六世紀には、他の土地でも鉄製大砲の鋳造が行われていた。たとえば、ブラウンシュヴァイク公たちが、あの頃、オーバーハルツのギッテルデ近郊、ゴスラー近くのゾフィーーンヒュッテなどに設立したか、あるいは発展させた大砲鋳造所のことが想起される。[169]

イギリスの大砲鋳造がとくに高度に発展したことは正しい。シュロップシャーのバースレイ近くのキャロン製鉄所、カルカット製鉄所、グラスゴー近郊のクライド製鉄所などは、十八世紀には大砲鋳造所として有名であった。しかし、もっとも完全な大砲鋳造所としてはそのころウールウィッチの工場が知られていた。

イギリスの大砲製造業は、外国の先鞭をつけた。イギリス人ジョン・ウィルキンソンはフランス政府の依頼で、ナントに大砲鋳造所と穿孔《ボーリング》（中ぐり）工場をつくった。ロシアのペトロヴサードフスクの大がかりな大砲鋳造所は、イギリス人技師、ガスコアーニュによって設立された。ウールウィッチの模範に従って、ハノーファーの技術将校ミュラー中佐は、ハノーファーとストックホルムに大砲鋳造所を建てた。[170]

フランスでは、すでに十七世紀のはじめ、繁栄した大砲鋳造所が資本主義的基盤の上におかれていたことがわかっている。ボルドーやセダン・シャトーランには大砲鋳造所があった。ボルドーの鋳造所から二〇〇門の大砲が海軍に納められた。一六二七年、クロード・マリゴ・ド・ラ・ヴィランヌーヴ・ド・キンペルレとミシェル・ドヌヴァンはやはり二〇〇門の大砲を、キンペルレの鋳造所から提供した。[171]その後、リシュリューはルアーブルに国営大砲鋳造所を建てた。[171]

しかし、フランスの大砲製造が本格的に推進されたのは、やはりコルベールのおかげであった。コルベールの仕事のなかでは、フランスの軍備とくに陸軍の装備を、外国から独立させようという考えが、大きな役割を占めた。したがって、彼が新しい大砲鋳造所を建てたことからも、早くも大砲製作工業を確立しようとしていたことがわかる（その後も、ひきつづき多くの補助産業の育成に彼が努めていたこともはっきりしている）。一六六一年、フランスはスウェーデンから、二〇万リットルの銅を大砲鋳造用に買い付けた。[172]一六六三年、コルベールは国王に、鋳造所を自力で建てる必要性を進言した。一六六六年、彼の諸計画は実現し始めた。サンテ、ロシュフォールに鋳造所がつくられた。もっとも重要な施設は、ヌヴェール、コメルシー、それにドーフィネにつくられた[173]。

スペインでは、大砲鋳造はカルロス一世のおかげで迅速に発展した。鋳造所は、メディナ・デル・カンポ、マラガ、ブルゴス、パンプローナ、フェンテラビーア、バルセロナ、それにコルーニャにあった。カルロス一世はスペインに鋳造所を導入するために、インスブルックからドイツ人を呼びよせた。スペインは自国の生産の急増にもかかわらず、とうてい需要にはおいつけず、依然としてフランドルからの輸入に頼らなければならなかった[174]。

十七世紀には、ヴェネチアが大砲鋳造では有名であった。「数門の大砲がすばやく巧みに鋳造されたからである[175]」。

＊

武器そのものの生産と平行して、必需品である弾薬の供給が急がれた。多くの国でしばしば大砲鋳造所と結びついて、弾丸鋳造所がつくられた。しかしこの後は、とくに火薬工場がつくられた。これらの工場は、ドイツ、フランス（一五七二年以後）などほとんどの国々で、国営独占企業の一部となった。

イギリスでは、火薬生産が大がかりな民間企業の発生を促した[176]。一五六二年、三人が火薬工場を建て、政府に年間二〇〇トン余りの製品を供給すると申し出た。それと並んで、おそらく国営の火薬工場もあったであろう。その生産が多かったことは、火薬の材料である硝石《しょうせき》の供給に関するもろもろの契約書から判明する。

一五〇九年から一五一二年にかけ、ジョヴァンニ・カヴァルカンティと別のイタリア商人とを相手どる二つの契約がなされた。それによると彼らは三六二二ポンド分（一ポンドあたり六ペンス）の硝石を提供せねばならなかった。[177] 一五四七年付の他の契約[178]によると、その金額は一万四四四五ポンド一六シリング八・五ペンスとなっている。エリザベス治下にイギリスは硝石に関しては外国の世話にならないようになり、自前で硫黄——ならびに硝石工業を発展させた。[179]

火薬、硝石それに硫黄は、初期資本主義時代には他の商品取引ではあまり見られなかったような高額の売り上げがあり、きわめて重要な商品であった。ピエモンテには、十八世紀のはじめにおけるその取引に関する正確な記録が残っている。[180] その頃、「ガイジ」という企業は、あるとき一万四〇〇〇ルビ（一ルビは九・二キログラム）の火薬を、一ルビあたり八リーブルで提供した。また別の時（一七〇六年）にはオランダの銀行家ガンバは、ピエモンテ政府のために八六九一ルビの硝石を一六リーブルで、二万五二七四ルビの火薬を二四リーブルで購入した。

*

しかし増大する武器需要が経済生活の形を変え、これにより資本主義発展のなりゆきを決定づけた作用のうち最大のものは、製品の性格からも代表的ないくつかの産業に与えた刺激であったろう。その産業とは製銅、製錫、とくに製鉄業である。これらは武器の原材料を提供する産業活動の一分野ではある。軍の組織とくに近代の軍備が経てきたもろもろの変化の直接の影響下にあって、これらの産業が資本主義への決定的転機を迎えたといってもよいであろう。

この主張の正当さのため、数字に即した、まとまった証拠を提供するためには、当然、従来の不十分な資料だけでは役に立たないであろう。今後数十年はかかるはずの研究が、わたしの立証の連環の欠けている部分をおそらく補充してくれるであろう。当面は、入手ずみの数少ない統計資料にもとづく一般的考察から出発し、一定の証明可能の正しい事実に着目した上、えられたもろもろの結論をできるだけ正当化すべくつとめねばなるまい。

武器需要が増大したとき、まずはじめに大量に欲しがられた金属は銅と錫であった。なぜなら、これらの金属から青銅がつくられ、さらに、青銅から初期の大砲が鋳造されたからである。二種の金属の合金の混合の割合は九対一である（フランス軍の大砲は革命前は一〇〇の銅に対して一一の錫でできており、これは今日でも最良の混合率〈九二対八〉とみなされている。しかもこれは十五世紀以来、慣習となってきた）。そこで、なにはともあれ、急がれたのは銅の供給であった。銅は十五、十六世紀にも、たいへん需要が多く、したがって、その値上がりもはなはだしかった。

ロジャースによれば青銅の器具あるいは銅器具の平均価格（粗銅についてはなんらの持続的価格表示も存在していない）は次のとおりだ。(181)

〈一ツェントナー分の価格（フロリン）〉

	（青銅）	（銅）
一四〇一～一五四〇年	3	9$\frac{1}{4}$
一五四一～一五五〇年	5	6
一五五一～一五六〇年	5	7
一五六一～一五七〇年	7	7$\frac{1}{2}$
一五七一～一五八二年	8	7$\frac{1}{2}$

〈フッガーがシュヴァッツで入手した一ツェントナー分の銅の売却価格[182]（フロリン）〉

一五二七年	五・四五～六・一五
一五二八年	五・四五～六・二
一五三一年	五・三～六・一五
一五三七年	六・五～七・四五
一五五六年	一〇～一一・四五
一五五七年	一一～一二

価格の上昇は増加した需要の結果であろう（なぜなら銀価格の下落が、二十世紀では四十

年間に銅価格が上昇したのと同じ割合ではないことがたしかだからだ）。しかし、その後、この需要の増加は、ただ二つの面のみから生じた。それは造船と大砲の鋳造である。なぜなら、突然、寺の鐘や銅器具の需要が増大したとはとうてい考えられないからである。大砲の鋳造にあたってどんなに莫大な量が使われたかを、大砲の数と重量に関する統計が教えてくれる。

また、購入された銅の数量に関する直接の記録もある。一四九五年、ヴェネチア政府は八万ポンドの銅を、大砲製造のために、ドイツの商人から購入した。[183] フランス政府が十七世紀、スウェーデンから入手した銅はすでに話題になっていた。コルベールが各地の銅を買い占め、また銅山の発見につとめたことが公文書の覚書のなかに記されている。「彼は、大砲の基礎部品とするためあらゆる土地の銅の買い付け促進に配慮した[184]」。

銅に対する大量な需要は、銅をまず、もっとも愛好される卸売商品とした。銅の取引は、硝石の取引と並んで、早くも十五世紀にたいへんな売れ行きを示した少数の取引分野の一つとなった。銅は少数者の手中に集中され、これを支配するきわめて富裕な商社は、銅を時宜をえて「封鎖」するために、おのれの権力を行使した。おそらく銅は、大がかりな方式の「価格協定」が試みられたはじめての商品であったろう。わたしの念頭にあるのは、明らかに中心地であったヴェネチアの銅市場を支配するために一四九八年に締結されたフッガー、ヘルヴァルト、ゴッセンブロート、それにバウムガルトナーという四つの南ドイツにある商社間の協定である。[185]

十六世紀、銅取引がどんなに膨大であったかを、フッガー家の在庫調査により判明した、倉庫に保管中の銅の数量が示してくれる。このことは、フッガー家の威容が――商品取引に関与するかぎり――ほとんど大がかりな銅の取引によって左右されたことを示している。最終的には十五世紀に銅の販売が、実際にかなり巨額であったことを数字が示している（たとえフッガー家が在庫として所有する多量の銅が、もっぱら中小業者の吸収によって集積されたと考えないとしても、銅取引はいくらか違った意味で資本主義の発展に大きな意味をもったことであろう）。

一五二七年の帳尻を記録するにさいし、(186) フッガー家の商品の口座は、三八万フロリンに達している。商品の「最大の部分」を銅が占めており、アントウェルペンだけをとっても、二〇万フロリン以上の銅の在庫が見られる。一五三六年には、銅、銀、それに真鍮《しんちゅう》の在庫は二八万九〇〇〇フロリンであった。一五四六年には、商品の資産は一二五万フロリンに達した。そのうち銅は一〇〇万フロリン以上もあった。そのうち半分は、再びアントウェルペンに貯蔵されていた。一〇〇万フロリンはいまの八〇〇万マルクの貨幣価値（一九一一年現在）に相当する。十六世紀の商業界全体を見ても、これと同じくらいの金額を示したような他の商品はほとんどないだろう。

増大する銅需要の直接の影響は何か？　まず銅山への関心を高めた。銅山は、商人や他の富者から、資本設備にもっとも適した対象として注目された。その結果、ますます銅山開発の範囲が広げられ、資本主義的軌道の上を走るようになった。すべての南ドイツの富者たち、バウムガルトナー、ヴェルザー、ヘッヒステッター、ゴッセンブロート、ヘルヴァルト、レム、ハウク、そして当然、フッガー家は、おのれの資産をドイツ、チロル、あるいはハンガリーの（銀山および）銅山の開発に投入した。その間、ハンガリーの銅山開発にはクラクフの資本家も企業家として関与したことがわかっている。[187] 銅の取引は、ほとんどが請負業となっていた。この移行により一般に銅山が、持ち主の手を離れて質入れされることとなった。

十七世紀には、資金を投入して銅山開発を促進した西ドイツの商社もある。たとえば、フランクフルト・アム・マインのヨーハン・フォン・ブローデックは、一六万二〇〇〇フロリンを投じてイルメナウおよびマンスフェルトの銅山開発に関与した。[188] しかし銅山開発（この言葉をわたしはつねに、採鉱と冶金という広い意味で用いている）が十六世紀、ヨーロッパのいたるところで、資本主義的（そして大企業的）発展の方向を、はっきりとたどるようになったことを、すべての報告が教えてくれる。

十六世紀中のハンガリー銅山の開発促進は、きわめてはっきり追究できる。ハンガリー銅山は、実は十五世紀の末期は停滞していた。それというのも、手工業で作業する仕事場（あの頃はしばしば、そうした状況であった）は、どうしても坑内の地下水を処理できなかったからである。やがて、ハンス・トゥルツォをはじめクラクフの富裕な市民の組合が、坑内排水のために結成された。この組合は、一四七五年四月二十四日、ハンガリーの七つの鉱山都市の裁判官、市参事会員、それに地方自治体の人々と契約を結んだ。それによると、組合は坑内排水の実施に代償をもらうことになった。折り返し回転が可能な水車がうまく作動するごとに、週給として一ハンガリーグルデン金貨――採掘された鉱石の六分の一の価格――がもらえることになったのだ。まもなく、周知のようにフッガー家も加わったこの富裕な「請負師」は、自ら鉱山開発に乗り出し、冶金や、鍛銅の仕事をはじめ、大成果をあげることを狙った。

一四九五～一五〇四年にかけて生産されたのは次のとおり。

一九万ツェントナーの銅。

一三三万ツェントナーの真鍮。

五万四七七四マルクの銀。

一一万九五〇〇フロリンの配当金がそれぞれ、トゥルツォ家とフッガー家に与えられることになった。その後、ついにフッガー家が独占的所有者となり、一五二五～三九年にかけて、ハンガリーの銅山開発から一二九万七一九二ライングルデン（したがって今日〔第一次大戦直前〕の相場で九〇〇万マルクの貨幣価値をもつ）を獲得することになった。[189]

すべての軍事物資の供給を外国に拘束されまいとした軍事大国の努力は、この面で国産工業の発展を促すことになった。イギリスで銅山開発の促進につとめたのは、やはり軍人王、ヘンリー八世であった。彼はおのれの諸計画をよりすみやかに実現するために、ドイツの資本家を自国に招いた。一五六四年にデイヴィッド・ハウグ、ハンス・ラングノウアーやその親族の指導の下に、イギリスの最高の政治家や官僚も加わって、イギリスで銅山を発見し、かつ経営するための、組合組織がつくられた。まずケスウィックで銅山が、そしてコルベックで（はじめは造船に用いられることになっていた！）鉛の鉱山が、それぞれ経営されるはこびとなった(190)。

フランスでは、コルベールが多くの銅の精錬所と熔鉱所をつくった(191)。

青銅製大砲の増大した需要は、銅の取引と銅の生産に与えたのと似たような影響を錫工業と錫取引にも及ぼしたように思われ、少なくともイギリスの重要な錫鉱山では、十六世紀に本格的な生産の拡大が見られた。十三世紀から十五世紀にかけて、八〇〇から一〇〇〇錫トン（一二〇〇イギリスポンド）の間をゆれ動いていた錫の生産量は、十六世紀には一六〇〇から一七〇〇錫トンに上昇した。この時代にはちょうど、鉱山業の資本主義的組織への移行がみられた(192)。

ついに軍国主義が、資本主義的製鉄業の誕生にさいしても、代父〔名親〕の役目を果たしたことは、さまざまな方式で確認されている。

まず、武器弾薬用の鉄の需要と、一般的に生産された鉄の簡単な統計的比較をかかげておく。すでに、十七世紀末における英仏両国の艦砲の保有量を明らかにするため、いくつかの数字をあげておいた。一六八三年、フランスの軍艦は、五六一八門の鉄製艦砲をもっており、またイギリスの軍艦はほぼ同じ時期に全部で八三九六門の艦砲を備えていた。（フランス軍の大砲の状況に従って逆算すると）イギリスの鉄製大砲は六〇〇〇から七〇〇〇門はあったろう。英仏両国の鉄製大砲の統計は、（野砲、要塞砲を含め）八〇〇〇門と考えてもけっして多すぎることはあるまい。ちなみに砲一門の重量は、平均一・五トンである。このことは注文主の重量の指定や、同時代人の評価から判明する。たとえばベックは、その『鉄の歴史』（第二巻、一二七三頁）で、一六四八年におけるウィルキンス僧正の注文のことを伝えている。したがって、その頃の英仏両国の大砲全体の重量は、それぞれ一万二〇〇〇トンにのぼったことであろう。

これに砲弾が加わってくる。各砲につき五〇発（スペイン無敵艦隊は、艦上にそのくらいのせていた）の砲弾を有していたとすれば、各国いずれも四〇万発の砲弾をもっていたことになる。各砲弾の重さを五キログラムとすれば、再び二〇〇〇トンという数字が出てくる。各国の大砲の重量はしたがって一万四〇〇〇トンとなる。

ところであの当時、どのくらいの量の鉄が生産されたのか？　わたしの知るかぎりでは、十七世紀については製鉄の全体量の数字は示されていない（なぜなら、イギリスに関するダドリーの計算は、わたしの考えでは、まったく偏向しており、空想的な上にあまりにも宣伝臭が強すぎるからだ）。ただ入手できるのは、ベックが出した数字だ。一六八七年、四四基のスウェーデンの高炉の生産量は三万七〇〇〇ツェントナー、つまり一八五〇トンである。いくらか信頼できる数字にめぐりあえるのは十八世紀の中頃である。その頃、五九の高炉をもつイギリスのすべての鉄の生産量は一万七三五〇トンであった。[193]　もちろん、そのころのイギリスは、鉄については約二万トンの輸入超過であった。

とにかく、大砲の重量をすでに十七世紀の末（十八世紀の中頃には確実に五〇パーセント増、つまり二万一〇〇〇トンに増加させた）の鉄の全生産量の数字に対比させ、そして、大砲生産と弾丸生産を数年に分けて考えてみよう。軍隊がきわだった鉄の大量消費者であることは、これらの数字からしても、もはや疑念をさしはさむ余地はないであろう。それに（艦船の鉄の需要を軍の需要として計算した場合）軍隊は、その頃、唯一の本格的な鉄の大量消費者、いや比較を絶した最大の消費者であったことはたしかだ。軍隊が製鉄業の運命を決定した。その時代において製鉄業が、資本主義にいたる道の第一歩を踏み出した。

この計算が実状にきわめて近かったことを、やや後の時代のイギリスの大砲需要の規模を示した数字が確認している。しかし、この数字にもとづいて、十七および十八世紀の状況についての、わたしの考えが正しかったことが逆に証明されよう。一七九五年、年間の大砲用鋳鉄の需要は次のとおりであった。[194]

イギリス	一万一〇〇〇トン
インド	五六〇〇トン
外国	一万トン
合計	二万六六〇〇トン

ここでさらに、資本主義的な製鉄業の発展にとって大砲ならびに砲弾の鋳造のもつ意味を、いっそう明らかにしてくれる他の状況を伝えよう。周知のように、製鉄業の手工業方式から資本主義的組織への移行は、高炉の発明とその進出ときわめて密接に結びついていた。それと同様に、高炉がもたらした根本的な革新は、いわゆる間接的製鉄法にあることも知られている。この間接的製鉄法は、鉄の一層強度の加熱（機械的に駆動する送風装置を用いる）によるものであって、これにより鉄は液状にされる。しかし、この鉄の液状化の狙いは、さらに鋳鉄製造を可能にさせたことに結びついている。そもそも鋳鉄は、はじめはほとんど大砲、および弾丸の製造にのみ利用された（鋳鉄は後になってはじめて、それも長期にわたって、炉の製造に付加的に用いられた。そして、ヴェルサイユで揚水機械がつくられるときに得られた経験を生かして、はじめて水道管に用いられるようになった）。

実情は次のとおりだ。鍛鉄は新しい高炉方式によっても、あるいは旧式の鉄塊処理方式によっても得ることができるが、鋳鉄はもっぱら高炉のなかでのみ得られる。中世的人間の性質を知っている者はだれでも、すぐさま新方式（高炉過程）が採用される可能性はとうていなく、採用されるにしても実際には何百年もかかったことを認めるであろう。

しかし大砲を（高価な青銅にかわって）より安価な鉄から鋳造しようとするときは、どうしても高炉を用いねばならなかった。鉄製大砲の増加する需要は、したがって製鉄業のなかへの高炉方式導入の強制として作用した。

最後にこの状況についていえることは、大砲鋳造の炉は他の炉よりも大きかったことである。[195]軍の要求は、したがって経営の集中化を促すことになった。しばらくのあいだ、個々の高炉が適切な大きさになるまで、とくにスウェーデンでは二重高炉が用いられていた。

武器についての軍の重要と、資本主義的製鉄業との内的関連はまた、歴史的なもろもろの出来事の連鎖のなかでも、多くの場合、経験的に証明することができる。近代的（すなわち高炉方式によってつくられた）製鉄業をまずひとわたり眺めてみたかぎりでは、その都度、大砲鋳造に必要な材料を供給しようという努力が、資本主義的な形式をとる製鉄を導入するきっかけを与えたと言える。

ドイツでは、鉄の鋳造のはじめは十六世紀である。そのころ最初の高炉がヘッセン[196]と、ザール地方[197]につくられたが、ザクセン、ブランデンブルクで十七世紀、そしてシュレジエンでは一七二一年に、いずれも高炉が導入されている。そして最初の消費者はどこでも武器生産者である。

スウェーデンは十六、十七世紀は、最初の製鉄国の一つであり、十八世紀になっても、イギリスに鉄を供給していた。もともとこの国では、グスタフ・ヴァーサがもっぱら必要な鋳造の材料を調達するために、トーベリに有名な製鉄工場や大砲鋳造所を建てることによって、製鉄業をまったく新しい基盤の上にのせた。その後、移住してきたオランダ人が、スウェーデンの製鉄業を一層高度の段階に育成した。ルイス・デ・ヘールは、フィンスポングに大砲鋳造のために二基の円屋根をもつ高炉を建てた。

「もっぱら大砲の鋳造に用いられるべき、この工場施設によって……スウェーデンには新しい産業分野が育成された。なんとしても、品質がすぐれているところから、フィンスポングの鉄製大砲は世界市場を制覇し、これによりスウェーデン鉄の名声を高めた」[198]。

十八世紀の中頃、スウェーデンの製鉄業は多量の粗鉄と鉄製品を輸出する世界一の製鉄業として依然として定評があった[199]。鉄製大砲は、スウェーデンの重要な輸出品目の一つであった。一部は資本主義的発展の高度の段階に達していた高炉群（これらは、ヤールスが伝えているように、あちこちでイギリスあるいはオランダ資本によって建てられた）は、もともと鋳造目的のためにつくられたが、大砲の鋳造は、他のあらゆる部門の鋳造を凌いでいた。スウェーデンの国家は、このことを重視し、高炉の所有者を大砲の鋳造に専念させるために、大砲の鋳造のかたわら、漁業経営にのり出すことを禁じたほどだ。これによって、すばらしい製品をつくり出す完全に非の打ちどころのない熟練した技術が生まれ、すべてが一定の鉱石の混合ができあがった[200]。

フランスでは、近代製鉄業は十七世紀以前には発達しなかった[201]。最初の高炉群（およそ一六〇〇年頃）は、もっぱら大砲と弾丸の鋳造のために建てられた。その後、コルベールは、すでにしばしば確認されてきたように、もともと軍事的関心から、製鉄業にも大躍進をもたらした。彼は、ドーフィネだけでも、一一の製鉄所と九つの鋼鉄工場を建てた[202]。

「彼は、火砲の鋳造のための鉄工場と鎔鉱炉をつくった。王国内でこのような盛況は再び見られなかった」[203]。

とりわけ明白に、イングランドとスコットランドでは、製鉄業の発生にさいして、軍事優先と資本主義との関連が明るみに出た。十六および十七世紀におけるイギリスの製鉄業の主な所在地はサセックスで、ここでは早くもエリザベス女王治下に巨大な資産が獲得された。しかもサセックスの鉄の大部分は大砲と弾丸に使用され、そればかりかその頃には、この形で外国に輸出された。サー・トマス・レイトンとサー・ヘンリー・ネヴィルは、大砲輸出のため、女王の特許状を得た。一五九二年以前に、二〇〇〇トンにのぼる鋳造された大砲一六〇〇門が、ひそかに外国に輸出されたという。[204]

　イギリス自体における大砲の需要が、つねに増加していった十七世紀には、サセックスで生産されたものは国内で消費された（それに前述したように、これ以上に需要は大きかった）。しかし大砲の鋳造と製鉄業の繁栄との密接な関係は、そのまま存続した。[205]

　大英帝国のなかでも、製鉄業が、十七世紀のおわりになってはじめて発展し、その後、ただちに広い資本主義的基盤の上に確立された土地はスコットランドであった。ここでは、鋳鉄用高炉を備えた工場施設の認可が、はじめて一六八六年に与えられた（他方、スコットランドにおける鋳鉄工業のはじめはずっと後の一八三六年である）。この行事は次に紹介する言葉とともに、とり行われた。これの言葉は、わたしのすべての証明方式の正しさを、まことに適切に確認しているように思われるので、ここに取り上げることにする。[206]

「国王陛下と議会の三階級は最近、王国内にジョン・メイクルにより、砲弾、大砲、その他この種の有益な器財のためにもたらされた鋳造業のおかげで国民が享受する大いなる利益を考慮に入れ、メイクルやその同業者たちの激励のために、もろもろの法令を定める。これによりメイクルらは、近年設立された製造業が議会の法令に従ってもつことを許されているのと同じ製造業者としての利益と特権を、あらゆる点において享受することになろう。またこれは制定の日より今後十九年間、有効な時限立法である」。

　ここに述べられているように「砲弾、大砲、その他この種の有益な器財の鋳造」により、スコットランドの製鉄業が誕生した。その最大の業者は数十年間、いやほとんど百年間にわたり、「キャロン製鉄」であった。この会社は、はじめはほとんど大砲の生産に取り組んできた[207]。十九世紀の半ばまで、もっとも普通なイギリスの大砲のタイプはその最初の生産者の名をたたえて「キャロナーデ」と呼ばれた。

　最後に、ドイツでは、主として北部シュレジエンの鉱山業が、軍事的関心のおかげで発生したことに言及せねばなるまい。

　フリードリヒ大王が、一七五四年と一七五五年、マラパーネ、およびクロイツブルクに高炉ならびに精錬施設を建てさせたのは、これによりシュレジエンのもろもろの要塞のための大砲の材料を生産できると、期待したからである。そして北部シュレジエンの鉱工業の進展が刺激されることになった一七八一年、鉱山当局が提出した国王あての報告は「国王陛下が鉱山業発展によって獲得されるもろもろの利益の筆頭にあげられるのは、陛下の軍隊が必要とする鉄、銅、鉛、錫、硫黄、硝石などの軍需物品が、国内で不足することが一切ないことです[208]」と述べている。

　しかし、たんに鉄鉱石の開発だけが、軍行政当局の注文を通じ、一層高度の発展段階へ移行する強大な刺激を受けたばかりではない。同じように、鉄の加工も砲生産の要求によって本質的な影響を受けた。そればかりか、なにより誇張もなく、十六～十八世紀にいたる鉄加工の分野で見られ、とくに資本主義的製鉄業を発展させたものは、よりすぐれた砲身を求める需要から発生したということができる。

わたしはまず、二番目の熔解を経る鋳鉄製品の生産について考えてみたい。これは十七世紀に普及したものである。その根本的意味は、鉄鉱石を石炭の力をかりて熔解する以前は、鋳鉄および粗鉄を反射炉内で熔解するさい、まず石炭を燃料として用いることに成功した事実にある。もちろん反射炉は、すべての種類の鋳造商品に役立つわけではなかったが、良質の砲身をこれを用いて生産することができた。しかもこれは重要であった。鉄加工のもっとも重要な進歩と、軍の需要との間の関連ははっきりと明るみに出た。この事柄に関する最良の識者も、次のように判断している[209]。

「大砲の鋳造は、しばしば、鉄の鋳造技術の促進に役立った。これはさらに反射炉の熔解導入のきっかけを与えた」。

これと同様に、製鉄業の発展にとって重要だったのは、鉄の加工のための本来の工作機械の改良である。とりわけ中ぐり機と旋盤についてそのことが言える。蒸気機関と円筒型ふいごの効力は巨大な円筒にボーリングすることの可能性によって左右される。この方面の技術においては、十八世紀の末期、イギリス人が、他のすべての国民を凌駕した。そしてこの技術を、彼らは大砲生産のさい獲得することができた。ベックは次のように言っている[210]。

「金属製中ぐり機と旋盤の発展はなにはともあれ大砲製造のおかげである。そもそも大砲の砲身の中ぐりこそは、ボーリングの技術を発達させたのだ」。

　早くも十六世紀、ビリングキオはその『燃焼技術』の中で、水車を用いて大砲の中ぐりをする方式を記述している。水平に穴をあけてゆく、その中ぐり機はその後、何度も改良され、十八世紀にスイス人マーリッツによって完成するにいたった。このマーリッツの機械のおかげで、十九世紀の機械組織の発展が可能になった。マーリッツは、一七四〇年、大砲組織の監督官としてフランスに招かれた。もっぱら大砲の材料について、彼はおのれの技術上の能力を発揮した。マーリッツは、芯をつくらない鋳造と、水平の台の上でまるごと中ぐりを行うという方式を導入することによって、フランスの大砲製造工業の改革者になった。

第四章　軍隊の給養

1　糧食給養組織

陸軍と海軍は分けて考えたほうがいい。一緒にして考えると、両者の兵員の給養が内部であまりにも違っているからである。

中世全期、そして近代に入ってからもかなり後の時代まで、各戦士がおのれの生活の面倒を自分でみることや、あるいはまわりの者が、彼に生活手段を現物で世話することが、陸軍では通例となっていた。そのさい、戦士が騎兵であるか、歩兵であるか、召集兵であるか、傭兵であるかは、まったく関係がなかった。

中世後期（十五世紀）の二、三の例を取り上げると。スイスの召集兵部隊では、国内の地方分権化が進んでいたため、給養は、いずれも地方自治体に委ねられていた。ベルンでは、兵員に給養を与える一七の群、あるいはグループがあった[211]。供与、給食と平行して、戦場での生活必需品を兵員は自力で購入して補充せねばならなかった。

勇敢王シャルル（一四七一年）の親衛中隊は、行軍中は自力で給食せねばならなかった[212]。

このことは当然、あらゆる時代を通じ、徴募された傭兵についてあてはまった。

ヴァレンシュタインの軍隊の連隊長は給養金を受領し、それを兵士たちに支払っていた。[213]他方、兵士たちはこの金で自分たちの生計をまかなった。給養金そのものは、宿営地に課した軍税から引き出された。ヴァレンシュタイン方式の特徴は、残忍な取り立てとそれに伴う暴力行為であった。もし宿営地提供者が、軍税を支払えなかったり、支払おうとしなかった場合には、軍は必要物資を容赦なく彼らから取り上げた。金を支払い、物品を購入するというのではなく、現物を強奪するというシステムなのだ。

「市民連中や臣下は献金ができない場合には、一般に将兵に糧食を提供することが、彼らの裁量に委《まか》せられた」。

このように一六二九年のヴァレンシュタインの給養令は述べているが、これは大筋で一六二三年のティリー将軍の命令と一致する。後述するように、ヴァレンシュタインがおのれの領地（ここは戦争の災害をいささかも受けないですんだ）から糧食を供給できない場合に行われ、この給養組織は、まったく個人的性格のものであり、根本的には一般化されなかった。

軍隊の国軍化が進むとともに、給養組織の規制は、しだいに国家の任務としても認められた。かなり早期から（漠然としたいいまわしだが）、軍隊の給養組織の監督に専念するために、特命の国家権力機関が登場した。

これがもっとも早く現れたのは、やはりフランスであった。[214]ここでは十四世紀以来、軍事委員会がつくられた。一三五六年一月二十八日の宣言によると、その機能が判然としない一二人の委員が任命された。給養組織の実務は、「命令者委員」に委任された。一四七〇年には、「軍の補給を監督する任務をもつ代理人」がいたことがわかっている。一五五七年には「二人の監督と一般委員」がいた。そのうち各地方には二人の委員が配属された。（また一五五七年の命令により）食糧品関係の事務官の制度が設けられた。彼らの任務は、軍隊の通行に役立つ倉庫を設立し、軍隊維持のための必要品を購入し、さらに堡塁に補給することであった。完全な仕組みができたのは、一六二七年と一六三一年、リシュリューの治下にフランス軍の経理部が設けられたときである。「軍事委員会」は、後になると、常に良心的な仕方では行われなかった大口《おおぐち》の購買関係の職務を掌《つかさど》った。

その機能はさまざまだが、似たような監督、統制、それに行政官庁が、その時期に運営された（物資面の）給養組織にもとづいて、すべての軍事国家のなかに誕生した。

イギリスは「食糧供給局」を設け（一五五〇年）、プロイセンは軍事総委員会に従属する食糧長の職務を設けた（一六五七年）等々。戦争が起こると、軍の給養のために、陸軍大臣によって軍事ならびに国有地管理局から、数人の軍事評議員が任命された。彼らはプロイセン王国軍の野戦委員会をつくった[215]。

給養組織のための独自の機関の発生は、これらの機関がやがて国家行政の刀剣にもとづき、実質的には、国の行政活動のなかに取り入れられていった事実のあらわれとして興味がよせられる。いったいこの行政活動がいかなる種類のものであったかを、まず理解しなければばなるまい。

いたるところで、国家権力は間接的保護の方式で、給養組織の規制を始めた。国王の官僚あるいは他の関係官僚は、軍隊の維持に必要な食料が、十分に良質であり、しかも、これを安い値段で買うことを望む兵士に提供されるよう監視した。こうした保護の実態は、前述したようにスイスの召集兵の十五世紀の状況については判明している。[216] またこれ以前のフランスの状況についてもわかっている。[217] 三十年戦争の軍隊によって、その実情がはっきりしたからだ。[218]

しかし、早い時期には、軍隊の給養に対する国家の協力は、実質的な援助に留まっていた。前述したように、王侯は古来、近衛兵を保持しており、それが十分に食べてゆけるように面倒を見なければならなかった。さらに王侯は、もろもろの堡塁に食糧を供給せねばならなかった。そこで、すでに中世において、いま述べた目的のために、フランス国王が、ベール家、セネショー家を介して食料品を購入させていたことがわかっている。早くも十四世紀「食糧委員会」には、食糧を集積し、国王の命令に従いこれをしかるべき場所に輸送する任務が委ねられていた。発生する需要のために食料品を貯蔵しておく倉庫には、「駐屯部」という名前がつけられた。[219]

これと平行して、早くから公共団体が、国からの委託で、軍隊の維持に配慮していたことがわかっている。シャルル七世の近衛中隊は、各地方で現物給与を受けた。騎兵四人と二人の従卒あるいは下僕からなる「槍部隊」は、いずれも毎月羊二頭、牡牛半頭、あるいは雌牛半頭、あるいはそれに相当する他の畜肉のほか、毎年豚四頭を支給されていた。この他各兵員は、一一〇〇リットル分のワインと四五ヘクトリットルの穀物を受け取っていた。最後に各軍人は、自分と従卒用に毎月、照明具、野菜、香料、そのほかに細々とした必要品のために二〇リーブルを支給されていた。軍馬にはそれぞれ三六〇ヘクトリットルの燕麦《えんばく》、小型荷車四台分の藁と乾草を支給された。[220]

国家思想が強固になるにつれ、王侯が軍隊を国軍化したあとは、すべての給養組織を国有化しようという考えがさかんになったのも当然であった。国家による軍隊の給養組織は十七世紀に、まずスペインで大きく発展したようであった。スペインからこの種の組織が、ブランデンブルク－プロイセンなど、他の国々にもひろがっていった。この国では、大選帝侯の時代に「給食」、すなわち給養の形式のなかで、この組織が、宿営長によって実施されたことがわかっている。

「旧式の軍隊」についての最良の識者の一人はゲオルク・ヴィルヘルム王の治下、軍隊が、いかに維持されたかについて、次のような像を提供してくれる。[221]

「小銃士は十日ごとに給与として一ターレルもらうが、彼はこれによって生活しなければならない」。この給与は、しばしば部分的に、あるいは全部が、食料品の代金となる、あるいは、宿営長により「めし代」、あるいは給養費に交換される。したがって、給与という表現はしばしば誤解のもとになる。三種の給与が月給として分割払いされる（一六三一年には一中隊一三〇〇ターレル)。この給与で、兵器、衣服、そして場合によっては馬の飼葉まで、いわばすべての中隊の経費をまかなわねばならない。残額はほとんどの場合、まずはじめには手許に留保される(たとえば一六三一年には六〇〇ターレル)。そしてのちに、国から提供された兵器代、食事代等々と相殺される。「給金」という表現どおり、これがある場合には給与、また別の場合には給料を意味するのである。ゲオルク・ヴィルヘルム時代に、完全に「給金」と別立てになったのは、宿営長が履行し、あるいは現金で弁済する業務である(燃料、照明などの調達)。

国家による完全な給養というこの組織は、長続きしなかった。実行が困難であったし、それに関連して、宿営地でいろいろの障害が生じてきたからだ。そこで、早くも大選帝侯の治下に軍隊の給食を再び取りやめ、そのかわり再び現金で支払うように決められた。そればかりかフリードリヒ・ヴィルヘルム一世は、国庫による現物管理を制限しようとつとめた。すなわち、連隊、中隊それに個々の兵員がきちんとやりくりできるように、しっかりした現金収入を得させるべくつとめたわけだ。

かくして十七および十八世紀の間、ほとんどの国で、次のような根本原則にかなり一致して準拠する、混合組織が誕生した。その根本原則は、国は行軍中および野戦に出動した兵士の給養をするが、駐屯地においては、各兵員が自分が受け取った給与で食事をするようにさせる。すなわち、給養が本質的には、個々の兵員にまかせられたのだ。個々の国においてはは、生計のための必要品の一部は、国家あるいは宿営長により（いわゆるサービスの形で）、各兵員に現物給与された。

選帝侯治下のザクセンのチェッペリッツ食糧長に対する一六九〇年六月二十九日付の訓令では、次のように述べられている(222)。「任命された大佐クラス（あるいは将官クラス）の食糧長は戦場の兵士たちにいついかなる時にも、ありとあらゆる食糧を用意せねばならない」。だが、平時の給養は各戦士に委ねられていた。各戦士は、宿営長からのサービスとして、宿舎、食塩、コショウ、酢、それに照明具を与えられた。これは一六九七年三月十日付のザクセン軍の給養令による(223)。

皇帝領においては、各兵員は一六七九年には、おのれの食料品を宿営長から購入することになっていた。宿営長は各兵士に、給料からの天引きで現物でパンなどを供給した。

プロイセンでは、中隊長は自由に裁量できる資金を、兵の給与、徴募、それに多少の建設工事をまかなうために受領していた。ただし、中隊長は査察にさいし、正しく使用していたことを証明せねばならなかった。一七一三年、兵士の月給は二ターレル六グロッシェンに値上げされた。そのうち共通金庫分の費用が差し引かれたため、兵士の手許に残るのは一ターレルと一六グロッシェンであった。この金額は、兵士が生活のために支出せねばならないものであった。平和時には、各兵士は行軍に出動する場合のほかは、現物給与を受けなかった（パンも与えられなかった）。ただし現物給与は、駐屯地以外に出動したとき、および戦時中には実施された。

フランスでは、一六四一年の法令が次のように定めた。「国は、行軍中、および戦場にある兵員の給養に配慮する。そこで各兵員は毎日、二ポンドのパン、一ポンドの畜肉、一パイントのワインを受領する。他方、駐屯地では、国はただパンのみを支給し、この代金として毎日一スーずつ兵士の給料から差し引く」。

国家が兵士の生活のためになんらかの配慮をするや否や、とくに、国家が兵士にパンを――フランスのように常時、また大多数のドイツ諸国のように、時と場合によって――供給するや否や、国家は備蓄を、とりわけ穀物の備蓄を配慮せねばならなかった。

このことは、国家が、全国に倉庫をできるだけ散在させて設けることによって実現した。フランスでこの措置が、すでにアンリ四世治下に行われた。そしてルイ十三世の治下では、広範囲に実施された[224]。プロイセンではとくにフリードリヒ・ヴィルヘルム一世のとき、さかんに行われた（一七二六年に、二二の軍用倉庫が設けられた[225]）。他のドイツの諸国では、ザクセン、ボヘミア、それにヴュルテンベルクが、十六世紀以来、同じように、この動きを促進させた[226]。

＊

巨大な艦船に乗り、大航海に乗り出すさい、水兵は自ら給養することなどほとんどできない以上、海軍の状況はまったく異なっていた。一隻の軍艦に、数百人いや一〇〇〇人もの人間が乗り組み、数週間、数ヵ月間、外界との交渉が皆無の場合を考えてほしい。そのさいは莫大な量の食料品の貯蔵を確保せねばなるまい。これらの備蓄を個人に委ねたり、少しずつ艦内に積み込んで監視したり、それらを個人に給食の形で分配するのはたいへんな作業だ。規模が小さければ、あるいはこうした艦船上での自己給養もあったかもしれない。たとえば十三世紀、ジェノヴァ共和国では、召集兵に武器、食料品、それにすべて「必需品」を自分で調達してくる義務が課せられた(227)。こうした種類の給養は「自己負担」と名づけられているが、徴募兵すなわち傭兵の通常の扱いには反している。しかしその頃には、給料には給養のための費用も加算されていた。

大航海に乗り出した各国、スペイン、オランダ、フランス、それにイギリスでは、艦船乗組員の自己給養は、まったくなかった。これとは違った形でつくられたのが、艦船乗組員への食料品をまとめて供給する方式であった。わたしの見るかぎり、この面では、数世紀にわたり二つの組織が適用された。一つはフランス式といわれ、艦長に艦船の食料品供給が委ねられている。もう一つはイギリス式といわれ、国家が艦船乗組員の給養の面倒を見ることになっていた。

フランスでは、実際にコルベール時代まで、艦船に乗り組んだ士官、水兵ばかりか、乗船した陸軍兵士に給養する業務が艦長に委ねられていた。コルベール時代になってはじめて「糧秣支給係」の制度が導入され、多くの艦船のための給養が国家の手でなされるようになった。[228]

イギリスでは、すでに十三世紀に、食料品として国王の軍艦に運ばれた、ニシンやハムの費用が計上されたことがわかっている。[229] しばしば、食料品は現物で、諸階級の人々から供給された。[230] 十六世紀には、国家による給養は、まったく支配的な方式となった。乗組員は、国から自分たちの食料品を供給された。

2　食料の需要

本書の「理論的」部分でくわしく述べたことを想起すれば、軍隊の食料需要の大きさと方式は、その兵力と給養組織の特徴によって左右されることがわかる。

武装した兵員数は、常に需要の絶対量を規定する。これは自らは物資の生産者ではなく、ひたすら食料を消費する者の数を定めることだ。なぜなら、軍隊によって、兵士（あるいは兵士の家族）というひたすら消費する者たちがつくり出されるということが、経済的に重要だからである。兵士たちは、自分の食料を現物で入手する、あるいは生産者から買うとにかかわりなく、完全に消費者なのである。

また給養組織は、巨大な軍隊によって生じる食料品の巨大需要がどの程度の大量需要になるかを決定する。大量需要というのは、統合され、統一的となり、全体として登場する需要である。そのさい、需要充足の集中化が進めば進むほど、それだけますます、需要が大量需要となるのは当然だ。さらに、戦争が長期化すればするほど、戦時における集中化が見られる。最後に（艦船にあって）長い航海となればなるほど、やはり集中化が進む。

巨大な軍勢に長期の航海で食料を給与する必要性が、まず食料品の大量需要を生み出したのであろう。しかも、世界がまだ昔ながらの夢想にふけり低迷した時代に、こうした大量需要が呼びさまされた。次のような情報が伝えられたとき、夢見心地のその頃の人々は、衝撃を受けたに違いない。その情報とは、フランスのフィリップ・オーギュストが、おのれの軍隊と軍馬にそれぞれ八ヵ月分の糧食を与え、さらに四ヵ月分のワインを与えたということである。(23)

またこんなこともあった。それは、フランスのもろもろの村に騎馬伝令が現れ、区裁判所管轄区域の人々は、カレーから出撃しようとしている艦船に備蓄するため、食料品を集め、それを同港に供給しなければならぬと告知したことである。

一三〇四年、司法官たちに課せられた個々の業務についての概観を示すものがある。中世の調達リストのことだから、もちろんその数字をあまり本気で信用してはならない。これらは常に、もっぱら期待された最大量を表しているにすぎない。いずれにせよ調達リストは、このような昔の時代に、一軍団の給養のために集積された物量の大きさについておおよその概念を与えてくれるであろう。その正しさについては疑う余地がない。この一覧表は、国庫の第三五号帳簿のなかの第一三五表で、ブタリックの著書二七八〜二七九頁に再録されていたものだ。

〈(カレー向けの供給のために) 一三〇四年一月、司法官たちに課せられた要求〉
サン管区——二五〇マルター(ミュイ)〔一マルターは約一八七〇リットル〕の穀物と、五〇〇トンのワイン、それに一五〇マルターの燕麦。
カン管区——五〇〇マルターの穀物、五〇〇マルターの燕麦、一〇〇〇頭の生きた豚、一〇〇〇個のハム、一〇マルターのエンドウ豆、一〇マルターのソラ豆。
マソン管区——五〇〇頭の有角獣、一〇〇〇頭の去勢された雄羊。
オーヴェルニュ管区——一〇〇〇頭の有角獣、二〇〇〇頭の去勢された雄羊、一〇〇〇個のハム。
トリワイエ管区——一万ポンドの蠟、五〇〇〇ポンドのアーモンド、大型パン二〇個分の砂糖。
ジソール管区——五〇〇マルターの穀物、五〇〇マルターの燕麦、一〇マルターのエンドウ豆、一〇マルターのソラ豆。
コー管区——二五〇マルターの穀物、五〇〇トンのワイン、二五〇マルターの燕麦、一〇〇〇個のハム、一〇〇ポワッソンの塩〔一ポワッソンは約八分の一リットル〕。
ルアン管区——五〇〇マルターの穀物、一〇〇トンのワイン、五〇〇マルターの燕麦、一〇〇〇個のハム、一〇〇ポワッソンの塩。
サンリ管区——二五〇マルターの穀物、五〇〇トンのワイン、二五〇マルターの燕麦。

トゥーレーヌ管区――五〇〇マルターの穀物、一〇〇〇ピープ（一ピープは三九三リットル）のワイン、五〇〇マルターの燕麦、四〇ピープの油、四〇シャルジュの塩。

ブールジュ管区――四〇〇〇頭の去勢された雄羊、五〇〇頭の有角獣、五〇〇頭の生きた豚。

クタンス管区――五〇〇マルターの燕麦、一〇〇〇頭の生きた豚、一〇〇〇個のハム、五〇〇頭の有角獣。

オルレアン管区――二〇〇マルターの穀物、二〇〇マルターの燕麦、五〇〇頭の有角獣、一〇〇〇頭の去勢された雄羊。

ポアトゥー代官所管区――一〇〇〇トンのワイン、一〇トンの酢、五〇〇頭の有角獣。

サントンジュ代官所管区――一〇〇〇トンのワイン、一〇トンの酢、五〇〇頭の有角獣。

だがその後、近代の陸海軍が誕生してはじめて、当然、本格的かつ恒常的な食料品の大量需要が発生した。とりわけ艦船の装備のさい、早くから食料品の規則的な大量供給が要求された。この面における決定的変化は、十六世紀であったろう。その頃、艦船にはそれぞれ食料をつみこむように仕組みが変わってきた。そしてイギリスの規則では、四ヵ月分の食料に対し、二ヵ月ごとに搬入することが、きびしく定められた。もちろん、この要求は、規則正しく守られたわけではない。一五二二年、イギリスのサリー提督は定められた規則があったにもかかわらず、彼の艦船には八日分の食料しか搬入されなかったと苦情を述べている。だが一五四五年、フランス海軍は二ヵ月分の食料を備蓄していたとはっきり伝えられている。[232]

この給養組織に対する並々ならぬ要求は、その世紀の中葉から、軍艦の操作について以前とはまったく別の慣習がつくりだされたことと関連している。ヘンリー八世時代までは、軍艦は、陸兵を上陸させると即座に帰途につくか、あるいは海戦で敵を撃破すると、すぐさま戻ってきた。ところが今や大航海の時代が始まったのだ。

早くも十六世紀に、大遠征にさいしては、食料問題が重大であったことを、スペインの無敵艦隊が一五八八年に運搬した食料品の量が物語っている。これについては正確で信頼できる報告が行われていて、一九五隻の無敵艦隊の艦船が次のような物資を積んでいたことがわかっている。[233]

一一万ツェントナーのビスケット〔一ツェントナーは五〇キログラム〕
一万一一一七マヨールのワイン〔一マヨールは五六・二ガロン〕
六〇〇〇ツェントナーの豚肉
三〇〇〇ツェントナーのチーズ
六〇〇〇ツェントナーの魚肉
四〇〇〇ツェントナーの米
六〇〇〇ファネガスのエンドウ豆とソラ豆〔一ファネガは一・五ブッシェル〕

一万アロドスの油〔一アロドスは三・五ガロン〕
二万一〇〇〇アロドスの酢
一万一〇〇〇パイプの水〔一パイプは四〇〇〜五七〇リットル〕

十七世紀には、短期間に巨大な量の食料――これは全体像にはじめて明白な特徴を与えてくれる――が消費されねばならない機会がふえてきた。たとえば、イギリス海軍が、やにわに次のような注文を出したことが記録されている。七五〇万ポンドのパン、七五〇万ポンドの牛肉豚肉、一万樽のビール〔この樽は一個で一〇八〜一四〇ガロン入り〕その他、バター、チーズ、魚などだが、これらすべてを（期間はわからないが）短期間に用意せよというのだ。(234)

オランダでは、艦隊の維持に、たとえば一六七二年には七ヵ月で六九七万一七六八フロリンを必要とした。(235)

ある艦船、あるいはある艦隊の十八世紀中葉の食料供給についてのきわめてくわしい一覧表は、ド・シュヌヴィエール『軍事評論』第一巻（一七〇五年）三三八頁に見受けられる。

どんな商船でも、乗組員の食料をきちんと用意せねばならない。したがって軍艦に食料品を供給する問題は、けっして特別に軍事的な問題ではないと考えられるかもしれない――たしかにそのとおりだ。しかし供給する食料の量は、軍艦の場合はまったく趣を異にする。そして、まず食料備蓄場所の拡大が問題をはらんでいる。

常に念頭に置かなければならないのは、軍艦の乗組員と較べて、商船の乗組員が、いかに少ないかということであった。中世においても、軍艦には、大勢の人間が、乗り込まされた。ガレー船はイタリア海軍の軍艦である。なにしろガレー船は、漕ぎ手がいる船だ。このためにも同じ大きさの別種の船よりも大勢の人間が乗り組んでいた。早くも十三世紀、ジェノヴァ共和国のガレー船には一四〇人の漕ぎ手がいた[236]。一二八五年には一隻に一八四人の水夫がいた。同じ大きさの商船があれば、おそらく乗組員は二〇人くらいにすぎなかったであろう。商船が自己防衛のために兵士を乗せて出帆したときですら、十二、および十三世紀における乗組員は二五人、五〇人、三二人、八五人、六〇人、五五人、五〇人、四五人などとなっていた。

ところが貨物を積む積まないに関係なく航行する商船に、主として海戦、あるいは敵船の拿捕のための装備をした場合には、様子ががらりと変わった。これらの商船の乗組員の数は、比較にならないほど多くなった。その場合の商船は武装船と呼ばれ、次のような数の乗組員が用意された。二隻の船は一二三〇年に合計六〇〇人、ピサのある船は一一二五年に四〇〇人、やはりピサのほかの船は五〇〇人、そしてヴェネチアのある商船には九〇〇人をそれぞれ乗船させた[237]。

十六世紀には、軍艦については、総トン数五トンについて三人の乗組員がいると計算された。すなわち三分の一が兵士、残りの七分の一が砲手、そしてそれ以外が水夫というわけだ。これに対し商船では、正味五トンについて乗組員一人と計算され、十二分の一が砲手で、あとは全部水夫であった(238)。

このように乗組員の割合に従えば、軍艦に乗り組んだ戦士たちははなはだ人勢であった。一五一三年の公式記録に記載されている一五隻のイギリスの艦船では次のような乗組員数になっていた(239)。

司令二人と七〇〇人（四〇〇人の水兵、二六〇人の水夫、四〇人の砲手）
司令一人と六二〇人（三五〇人の水兵、二三〇人の水夫、四〇人の砲手）
司令一人と五五〇人（三〇〇人の水兵、二一〇人の水夫、四〇人の砲手）
司令一人と四〇〇人（二〇〇人の水兵、一八〇人の水夫、二〇人の砲手）
司令二人と三〇〇人（一五〇人の水兵、一三〇人の水夫、二〇人の砲手）
司令二人と三〇〇人（一五〇人の水兵、一三五人の水夫、一五人の砲手）

敵に向かって進撃する艦船の数を考察すると、乗船している水兵、水夫が大人数であることが重要なことが容易にわかる。一五一一年、ヘンリー八世は三〇〇〇人の水兵を用い、英仏海峡の航行を確保すると約束した。一五一三年、イギリス艦隊（ただし、二八隻の貨物船の乗組員は除く）のために二八八〇人の水兵が募集された。一五一四年には、二三隻の軍艦、二一隻のチャーター船、それに一五隻の貨物船に三九八二人の水夫と四四七人の砲手、合計四四二九人が乗り組んでいたが、これには水兵は含まれていない(240)。

しかし陸軍でも、食物の需要量は当然、迅速に増えていった。

たとえば、ブランデンブルク軍の兵士一万二〇〇〇人は、一六九四年に補助部隊として、ライン地方とオランダに駐屯したが、（三万八一三〇ターレルの月給のほかに）一人あたり毎日二ポンドのパンを支給された。一万一六〇八人の兵士と下士官を合計すると、一日で二万三二一六ポンド、三十一日間には、七一万九六九六ポンドに達した。一四四ポンドのパンを、ニュルンベルクで用いられる小麦の重量ツェントナーで計算すると、月に四八九八ツェントナーの小麦が必要であった。[241] 一七二七年には、軍用食糧庫にライ麦を買うために、国庫から二〇万ターレルが支出された。[242] 二一あるプロイセンの倉庫には、フリードリヒ・ヴィルヘルム一世の治世の終わりには四万五〇〇〇ヴィスペル〔昔の穀量の名。二四シェッフェル、ただし一シェッフェルは、最大一八〇リットル〕貯蔵されていた。これは一年間、三〇万人を養うのに十分なだけの量であった。[243] 十八世紀のプロイセンでは、一人一日二ポンド、年間七シェッフェル食べると計算されていた。したがってプロイセン陸軍は、早くも十七世紀の前半、二万四〇〇〇～二万五〇〇〇ヴィスペルの穀物を必要としたが、他方ベルリンの民間人は、一七二〇年にはわずか七二〇〇ヴィスペルしか要求できなかった。[244]

似たような数字が、他の国々の陸軍についても見受けられる。デュプレ・ドラルネは十八世紀の中頃、フランスについて次の数字をあげている。[245] 一五万人の陸軍軍人に軍用パンを支給すると、一年に五四〇〇万食となるこの量は、二〇〇ポンドの穀物食三〇万個を必要とする。したがって三万トンになる。もしこのような巨大需要の充足が行われるさまざまな方途を追究するならば、これはその頃の一つの主要港（ダンツィヒ）の全輸出量と同じぐらいであることがわかるであろう。

3　軍隊の給養の国民経済学的意味
――付録　兵の補充

　わたしの見るかぎりでは、この表題の下に取り上げられた諸問題は、これまで、ただ否定的な側面からのみ考察されてきた。一つの国のなかで、軍による盗賊まがいの強奪あるいはひどい徴発がひき起こす破壊の可能性ないし、現にひき起こしてきた破壊的作用のみが追究された。しかも問題のこの部分はクリューニッツの『百科辞典』のなかの関連する項目のなかで、きめこまかく扱われてきた。

　しかしこの問題は、次のような疑問に含まれるきわめて重大な積極的側面ももっている。それは、まず、どのような建設的、創造的、革新的な影響力を、特定の時代における給養組織はもっていたか、次に、それがどのような役割を、とくに近代資本主義形成のさいに演じたかということである。わたしがこの関連で理解したことは次のとおりである。

（一）　わたしはすでに、次のような事実を強調しておいた。陸軍はヨーロッパの中世ばかりか、最近の数世紀間、一般に彼らの需要を購入によって充足させていたたんなる消費者集団であったということだ。この事実は、交換経済がやっと始まったばかりの土地では、貨幣をもつ者がこうしてたえず需要を増やすことによって、市場向け生産への刺激がつくられるところから、疑いもなく経済の動きを変えさせるような具合に作用する。したがって、交換経済の関係は、その範囲も強度も増大する。このことは、ほとんどいたるところで、交換経済の組織を出発点とする資本主義の発展を疑いもなく促進することを意味する。

十八世紀におけるプロイセンのように経済的後進国では、旧来の農民的、自給自足的な経済生活の形式を打破する起動力としての、巨大な購買力を備えた陸軍の活発な影響力がもしなかったとすれば、資本主義が始まるまでに、おそらく百年は待たねばならなかったであろう。個々の兵士によって求められようと、中枢部によって求められようとおかまいなく——食料品に対する軍隊の需要は、ここではいわば資本主義の先導者の役割を演じていた。

だが、このような促進的な作用が、大幅に陸軍から発生したことは、住民数をたんに列挙するだけで判明する。プロイセンにおいては一七四〇年と一七八九年に、平和時における軍隊の兵力が、全住民の約四パーセントを占めていたこと、さらに、その頃、確実に住民の六〇〜七〇パーセントが、自給自足経済の枠内で、彼らの需要を満たしていたらしいことは前述したとおりである。中小都市や平野部では兵士たちと軍の予算が、そもそも重要性のある唯一の購入者であった。

フリードリヒ・ヴィルヘルム一世は、プロイセン軍が経済生活のより高度な形式への発展を、活発に、革新的に促す作用をもっとも着実にもつことを洞察していた。次のように述べたとき、彼は実に適切な表現をしていたと思われる。「もしわが軍が国外に遠征するなら、国内では〔消費者として〕貴重な財源となっているときとくらべ、三分の一の財貨しかもたらさないであろう。しかもその暁には、関係官僚は賃貸料をきちんと収納することができないであろう」。

（二）大軍団が経済生活の発展に及ぼす前述の最初の作用としっかりと結びついている第二の作用として、こうした軍団が都市造成の要素としてもつ意味がある。この意味は、当然、軍隊がもろもろの都市に駐屯している場合、あるいは、いずれは都市が発生するような場所に駐留している場合にしばしば見受けられる。しかし、あらゆる都市の発生や拡大は、常に、資本主義へと導くコースに入ることを意味している。このことが歴史的発展の前提となる交換経済組織をもっているのと同様に、都市への人口集中も、そうした意味をもっている。たとえこれが資本主義の発生のための必要な前提と認められないとしても、都市人口の急速な増加によって、資本主義が大いに促進されることは否定できないであろう。

とりわけ近代の軍隊が、広い範囲で都市形成に影響を与えたことは疑う余地がない。再びプロイセンの例をとりあげてみよう。陸軍が経済生活に及ぼした革命的作用が、おそらくこの国でもっともはっきりと現れているからである。

ベルリン自体も、十八世紀末までは、純粋に軍の駐屯都市であった。一七四〇年、軍関係者の人口は二万一三〇九人であった。その頃の全人口は約九万人である。もし、あらゆる軍関係者には、かならず第二の人物が付随していることを認めたとすれば、この都市人口の半数は、軍隊の駐屯によって生じたことになるだろう。（コーザーによれば）一七五四年には、軍関係者の人口は二万五二五五人に、そして一七七六年には三万五〇一人にそれぞれふえている。

さらに驚くべきは、中小都市の人口である。ハレは軍の駐屯によって三〇〇〇から四〇〇〇人の人口増加をみたが、これはおそらく全人口の四分の一を占めたであろう。マクデブルクは(一七四〇年には)一万九五八〇人の住民がいたが、そのうち駐屯兵の数は五〇〇〇～六〇〇〇人にのぼった。シュテッティンの人口は(一七四〇年には)一万二七四〇人で、駐屯軍関係者の数は四〇〇〇～五〇〇〇人(兵士とその妻子を含める)であった。(246)

(三) これまで、増加一方の食糧需要をもつ軍隊が、迂路をたどりつつも資本主義の発展に貢献してきたことや、軍隊がいわばその先導役をつとめたことを確認してきた。そこでいよいよ、資本主義が近代国家における軍隊の給養組織が経てきた発展によって、直接促進されたことの証明が必要になった。当然、軍隊用の食料品の供給と、資本主義的経済組織形成との間の関連は、武器生産、あるいは後述する被服調達の場合とくらべ、それほどはっきりと把握できない。しかし、なんらかの関連があったことだけはたしかだ。これを見出すためには、さらにくわしく観察し、周辺を展望せねばなるまい。

まず第一に考えられるのは、明らかに、農業の「大経営組織」が軍事行政の要請によって促進されたことである。これが資本主義の軌道上を走る農業の大経営を推進するわけだ。十六世紀以来、ますます頻繁になった大がかりな穀物購入は、大規模農業の収益性をいたるところで向上させ、ますます農業を大規模経営に移行させる機会を与えた。十六世紀から十八世紀までの時期に、ドイツとオーストリアでは、クナップが最初の「資本主義的経営」と名づけた騎士領（荘園）がつくられた。ただちに主張できるのは（いろいろと個別的に証明されてきてはいるが）、もし、穀物の大量需要の増加が引き金となった穀物生産の増大がなかったならば、こうした発展はまったく起こらなかったか、たとえ起こったとしても非常に緩慢であったということである。それではこの増大する需要は、何によってひき起こされたのであろう？　わたしは、本質的には近代的軍隊の誕生と、その食料品需要の増大によるものと主張し、その主張の正しさを証明すべくつとめることにする。

わたしはまず明らかに、大量の物資が陸軍に販売された実例を見出すべくつとめた。このような実例は、疑いもなくたくさんあった。たとえば、脳裏に浮かんだのは、ヴァレンシュタインがおのれの領地の管理人に対して行った注文である（ヴァレンシュタインはたんにすぐれた将軍であったばかりでなく、いやおそらくそれ以上に偉大な、海千山千の実業家であった！）。この注文は、まことに多額であった。彼が生産者として、はたまた将軍として利益を得たこの穀物供給は、その他の場合、略奪、強奪によってもたらされたヴァレンシュタイン軍のための食料品を、規則的に補完するものとして用いられた。そういうわけで、彼は一六二六年三月十三日、三万シュトリッッヒ〔一シュトリッッヒは九三・六リットル〕の穀物をおのれの領地から調達した[247]。

またわたしの念頭にあったのは、グスタフ・アドルフが自軍のためにロシアで行った超大規模の穀物購入である[248]。さらに思いつくのは、フリードリヒ・ヴィルヘルム一世が、軍事用倉庫のための穀物購入を行ったとき、領内の小作人に与えた明らかな優遇措置である(249)。

わたしの主張の正しさのためのいわば的確な証明は、この直接的方式では、ほとんど行うことができないので、迂路をたどることにする。それは十六世紀以来、発達してきた国際的な穀物取引だ。わたしはこれを、一方では資本主義的な大農業経営に結びつけ（こうした大経営は、国際的穀物取引によって可能になったからである）、他方では軍行政当局の需要に関連づける（なぜなら軍行政当局はこの市場の発生に、まず第一に貢献したからである）。もし、十六、十七、ならびに十八世紀の国際的穀物取引が、本質的には近代的な軍隊組織によって存在したことの証明に成功したとすれば、わたしはこれによって、軍拡と資本主義との間の新しい重要な関係を明らかにしたことになる。もっとも、あの取引そのものは、後述するように、資本主義の巨大な発展であり、これも商業分野におけるもっとも早期のあらわれである。ともあれ、わたしの論述のこの部分を、特別な一節としてまとめておく。

（四）　ヨーロッパにおける穀物取引は互いにかなり鮮明に二つの時期に分けられる。すなわち十六世紀末までの時期と、それ以後の時期である。二つの時期を区別するのは、取引が行われた場所の地理的な範囲と、取り引きされた穀物の量である。十六世紀末、実質的には十七世紀以来はじめて本格的に国際的穀物取引が行われた。その中心地は、短期間、アントウェルペンであったが、その後、アムステルダムに移った。それと同様に、その頃から取引量が増大する突然の飛躍が始まったといえよう。

中世のもっとも重要な穀物取引はイタリア、それも北イタリアの諸都市、なかんずくヴェネチアで行われた。ここでは南イタリアと小規模ながらポントゥス〔黒海地方〕からの穀物流入を扱った。その販売量は、中世の状況からすればたいしたもので、投機目当てに、フィレンツェの銀行が買い集めた輸出証明書に示された額は、十四世紀には、平均一万から一二万サルメ[250]、すなわち、わたしの計算ではおよそ一万トンから一万五〇〇〇トンに達した。これらの穀物量の半分あるいは三分の二が実際に輸出されたとすると、販売量は五〇〇〇トンから一万トンにのぼるものと計算される。この量は、ハンブルク、シュテッティン、ラトビアのリエバーナなど、北ヨーロッパの巨大な穀物取引場所の二倍から三倍にあたる。

十六世紀にいたるまでの時期では、本質的に、巨大な販売量を示すすべての数字は実にあやふやである。おそらく、その頃すでに、かなり重要であったはずの十六世紀のアントウェルペンの穀物取引についてすら、わたしの知るかぎり信頼できる記録はない。しかし、二五〇〇隻（？）の船が当時シェルト川に停泊していたとか、毎年、六万ラスト〔一ラストは二トン〕の穀物が、バルト海とオランダからアントウェルペンに向け積出されたとかいう記述をすべて年代記作者のでっちあげと見るのは適切ではない。もしかすると本当であったのかもしれない。あるいはやはり、穀物量は、わずか六〇〇〇ラストであったかもしれない。

これまで何度も繰り返し行ってきたが（だが、そのありさまは依然として続いている！）、わが歴史家たちにわたしは次のように説教せねばなるまい。それは「あらゆる文献資料を良心的に吟味するはずのあなたたちとしては、統計の記録、とりわけ取引上の販売証や船舶の交通に関する数字の扱いについては、もっと慎重であってほしい」ということだ。

たとえば、十六世紀におけるアントウェルペンの貿易額の評価は、あまりにも漠然としている。マリノ・カヴァロが、東インド諸島からの輸入（穀物、布地、木材）の総額を三五万ドゥカーテン〔約三五〇万マルク〕としているのに対し、ジキャルディーニは、その頃の穀物輸入量だけでも、一五〇〇万ドゥカーテン〔約一億五〇〇〇万マルク〕あったと計算している。

十七世紀になってはじめて、（その頃の概念では）多額の販売を示す数字が登場する。だがその数字の正しさはやはり疑わしい。とりわけダンツィヒから運ばれる穀物輸入量に関する数字があやしい。

ダンツィヒのリックフェット商会が所蔵し、『アクタ・ボルシカ』誌の編集者が抜粋をつくっている「一六一八年と一六四九年から一七〇〇年にかけて、ダンツィヒで輸出入された穀物金額の明細書」というのがある。この数字は信頼できるとされている。しかし、その数字がそもそもどこに由来しているかは明記されていない。これは穀物仲買人の記録であろうが、おそらく、次のようなもろもろの事実によって正確だとみなされたのであろう。すなわち、その頃、他の港湾でも穀物取引がものすごく増えたことが記録され、とくにアムステルダムの穀物市場の巨大な売り上げが、たしかめられたことである。

ダンツィヒとアムステルダムは、十七および十八世紀の穀物取引がそのまわりを回転した二つの軸であった。アムステルダムから穀物がすべてのヨーロッパの国々に輸出されたことからしても、同市の穀物取引の方向は、まったく国際的性格を備えていた。

異常に多額、あるいは逆に少額であったという数年を度外視すれば、ダンツィヒからの穀物輸出量は一年間におよそ五万ラスト、つまり一〇万トン前後であった。一六一八年は一一万五二一九ラストという巨大な量にのぼった。だが一六四九年には九万九八〇八・五ラスト三〇シェッフェルがダンツィヒ港から輸出されたと記録されている。

残念ながら、アムステルダムの穀物市場の取引は、ダンツィヒからの輸出量ほど正確には知られていない。しかし、たんにダンツィヒからの輸入ばかりでなく、他のバルト海、北海沿岸諸国からの穀物輸入を考えてみてもよいであろう。

いかに東ヨーロッパとの貿易が、オランダの貿易を振興させたかについては、スウェーデンとデンマークの間の海峡を通過した船舶の数が教えてくれる。一五三六年には五一〇隻だったのが、一六〇〇年には、なんと一六〇〇隻にまで増えている(251)。

この数字はおそらく次のことを証明してくれるだろう。

(一) アムステルダムの穀物取引がきわめて盛んになったことだ。その取引額は一〇〇〇万から二〇〇〇万フロリンに達した。取引は(他のもろもろの徴候からもすぐに推しはかれるように)確実に、大規模に、資本主義の軌道を進んだ。それがいかに高度に発達したかという徴候は(わたしの見るかぎり、これまでまるで注意されなかったようだが)明らかに、部分的ながら取引がすでに見本貿易の形式で行われた事実のなかに示されている(252)。

(二) この取引は、農民の穀物がこの巨大な交易のなかに包含されたとは推定できない以上、本質的には、ドイツ(および、ロシアとポーランドの)騎士領の穀物の売却にかかわったようだ。それはアムステルダムにおける穀物の買い手とどんな関係にあるのだろう？　この買い手は、実際には、わたしが推定しているように、まずヨーロッパ各国の軍隊ではあるまいか？　さもなければ、買い手としてどんな人物が浮かんでくるだろう？

そもそもこの疑問を発する以上、とり急ぎなんとか返答せねばなるまい。たとえば、都市人口の増加などがあげられるであろう。

しかし、これが納得できる説明になるだろうか？　まずはじめに、当時の二つの巨大都市、ロンドンとパリを念頭に浮かべねばなるまい。しかし両市の食料需要が、ほとんど自国内の生産物でまかなわれたことはかなりはっきりとわかっている。一六〇〇年に五〇万の人口を擁したとみられるロンドンについては、この時期にはまったくそのような事情であったことが確かめられている[253]。「ロンドンはノーフォーク、サフォーク、エセックス、ケント、それにサセックスの伯爵領を繁栄させている。これらの地方の強さと富は、周知のように、その土壌のすばらしさよりもむしろ、ロンドンの近くにあって同市との近隣関係を密にしていることに依存している」。

十八世紀の前半、イギリスにおける穀物ならびに小麦取引の組織についての記録は、かなり確実に、当時、ロンドンへの食料品供給が常にこれらの地方からなされたことをうかがわせる。穀物商は穀物を農夫から買ったわけだが、そのさい彼らは、馬にのって農家を訪れ、買った穀物を市場に運んでいった。そこでの買い手は粉屋であり、彼らが再びロンドンのパン屋と直接結びついていた[254]。

それとまったく同様に、パリへの食料供給は、十七および十八世紀前期を通じ、国民経済的な枠内で動いていた[255]。

しかし、その他の、どこに大都市が出現したのか？　それは東ヨーロッパである。このことはまったく考慮されていない。十七世紀のマドリッドは、スペイン産の穀物で養われていた。アムステルダムですら、十八世紀には、それほどの大都市ではなく、同市に搬入された穀物のごく一部を消費していたにすぎない。

さらにアムステルダムの穀物取引が仲介貿易であることも知られている。イタリアの諸都市も事情は同じだ。ナポリはかなり発展した。しかしこの都市は、南イタリアとシチリアから食糧を得ていた。北イタリアの諸都市は、おしなべて十七、十八世紀に人口を減少させている。

とにかく穀物輸入の中止は、トルコによるコンスタンチノープル攻略によって生じた。そうはいうものの、わたしは国際的穀物取引の増加が、部分的には大都市人口の増加によって説明できることをまったく否定するつもりはない。ただ、穀物販売の急速かつ強力な増加の原因あるいは主因を、都市人口の変動にあるとするのは適当ではないように思われるのだ。むしろ、もし「軍の増加する需要が、穀物取引の拡大の主な原因となった」という、わたしの仮説が認められれば、この穀物販売の増加を難なく説明できるものと信じている。

ここで次のような証明の契機をかかげてみよう。

（一）　われわれが知りえた軍の需要の巨大さは、アムステルダムの輸入のかなりの部分が軍によって占められたという可能性を、排除するものではない。一五万人の軍隊にパンを供給することは、年間約三〇〇〇トンの穀物を必要とすることを意味する。すでにルイ十四世は二〇万の兵士を率いて戦場に臨んだ。フリードリヒ大王の軍隊は、平時でも一八万人に及んだ。ダンツィヒの穀物輸出は五万トンあたりを上下している。

（二）すべての軍事国家の穀物政策は、十七および十八世紀を通じ、強力に軍事的に方向づけられている。エーバーハルト・フォン・ダンケルマンは、コルベールと同様に、穀物の取引政策は、ひたすら軍の利益に奉仕すべきであると考えている。[256] このことは、軍に食料品とくに穀物を供給することが重大問題とみなされていた証拠である。

（三）アムステルダムにおける取引について、すぐれた観察者たちは、単刀直入に、穀物販売は軍の需要によって大筋が決められると述べている。有名なイギリスの輸出入の総監督で、識者のデーヴナントは、一七〇一～一四年の間に、オランダの穀物取引の「前例のない増加」を確認し、国際市場アムステルダムの戦時中の投機は、まったく無拘束な性格を帯びたと述べている。[257]

（四）われわれは一連の事例のなかで、実際に存在したアムステルダムの穀物市場と軍行政との関係を確認できる。

①早くも一五五六年（アムステルダムの繁栄期より以前に）、オーストリアの商人は、スペイン王に対し（すなわち軍のために！）、望まれるだけの量のライ麦を、一ラスト当たり二四フロリンの価格で、ネーデルラントに供給すると申し出た。[258]

②オランダ（！）に侵入しようとルイ十四世が軍備を整えたとき、なんとアムステルダム（！）の商人が必要な穀物を供給した[259]。

③スペイン継承戦争のさい、ピエモンテの軍当局は、アムステルダムの穀物市場に買い手として現れた。この場合には形式的にもはっきりと、軍の供給の必要性が穀物取引に国際性をもたせるようになった状況を追究することができる。まずはじめに、ピエモンテは自国内の穀物を使いつくした。その後、買い付け人は、ロンバルディア、エミリア、ロマーニャを飛びまわった。ジェノヴァはピエモンテ政府が保護していた市場であった。だがその後、政府はヴェネチアに代理人を派遣した。ここだけで、一七〇八年には銀行家の仲介で、一〇〇万リラ以上の穀物が購入された。一七〇六年からは、オランダも利用された。巨額の穀物が海路ピエモンテへ運ばれた（しかも――ついでながら言うと――オランダの補助金で代金が支払われた[260]）。

④プロイセン王フリードリヒ・ヴィルヘルム一世ですら、自軍に必要な穀物入手のために、オランダの商人を利用するべきだと考えた。一七三七年五月五日、この王は総監督に「アムステルダムでは一〇万シェッフェルの穀物を一シェッフェル当たり一ターレルの代金で入手できないかどうか」と、内密に、しかしただちに情報を得るよう命じた[261]。

要するに、わたしの仮説の正しさが証明されたように思われる。完全な確実性を得るためには、あの頃のアムステルダムの穀物商社の取引簿を追究すべきであろう。

わたしの見解を確証するために、さらに、十七世紀の別の重要な国際的な穀物市場であるバーゼルが、とくに軍の給養に利用されたのが判明していることをあげておこう。「バーゼルの商人は三十年戦争の好景気を新たに穀物投機に利用することができた。彼らは穀物を一部はスイスの奥地から、しかし主として戦争とは無関係のフランスの土地から、入手したもようだ[262]」。

「穀物投機」の論議は、新しい観点の考察に導かれる。

（五）広い資本主義的基盤の上に発展した最初の商業分野の一つが、新しい軍隊の形成の影響を受けて繁栄したというだけでは十分ではない。軍の給養が国際市場に打ち出した要求は、近い将来に、独特な特徴をもつことになる商業のまったく新しい形式を、生み出した。すなわち、わたしの見るかぎり、供給取引あるいは時間取引といわれるものは軍行政の注文との直接の結びつきによって発生したのだ。

この近代的取引形式のはじまりは、十七世紀のオランダに見られた。そして（世間で考えられているように）、取引関係の地理的拡大は供給取引の発生に原因があったとみなされている。これに対し、軍行政と個々の商人、あるいは商社との間の供給契約は、すでに十六世紀、フランスとイギリスで、しばしば登場した事実を確認すべきである。英仏両国政府はほとんど同時に、それまで国の機関の所管になっていた陸海軍用の食料品の供給を、商取引に移行させた。生産者（あるいはその他の販売者）と軍行政との間に、フランスでは請負師、あるいは軍需品補給者、イギリスでは請負人と呼ばれる御用商人が割り込んできた。

供給組織の軌道に最初の一歩を踏み出したのは、わたしの見るかぎりイギリスである。この国では、艦隊の給養がまもなくますます困難になってきた。いまでは、オッペンハイムや他の人々によって明るみに出された資料に準拠し、イギリスにおける海軍の供給組織の歩みを、かなりはっきりと追究できる。

十五世紀および十六世紀の前半には、艦隊の給養を委託されたイギリス国王の官吏「食料品調達官」が登場する。彼らは徴発により必要な食料品を供給した。一五五〇年、前述したように給養行政が集中化され、「食糧供給局」が設立された。エドワード・ベーシュが「海軍食糧総監督」に任命された。しかしまもなく——一五六五年——徴発組織は廃止された。これ以後、軍港勤務者からは毎日四・五ペンス、海上勤務者からは毎日五ペンスずつ受領し（その後、金額は引き続き上昇した）、これと引き換えに一定量の食糧を配給した。最初の供給業務はこれによって完結した。

二〇〇〇人あるいはそれ以上の人々に給食することになってはじめて、ベーシュは強制的徴収権を要求した。彼は、いつ、いかなる時でも、一〇〇〇人の一ヵ月分の食糧を備蓄しておく義務を負うた。ここではたんに業者として登場したベーシュと国王との間の供給契約——アグリーメント——は六ヵ月で取り消しができるようになっていた。

この組織は持続した。この方式で一五九六年には一万三〇〇〇人が、そして一五九七年には、「時宜を得た通知」の後、九二〇〇人が食糧を獲得した。一六一四四～一七年にいたる水兵の給食費には四万八六一ポンド一二シリング一一ペンスが支払われた。[263]

一六二二年、イギリス艦隊に対する食料品の供給は、二人の企業家、サー・アレン・アプスレーとサー・サンプソン（！）・ダレクによってなされた。彼らは生涯、「国王陛下の海軍総食料品調達官」の肩書を用いることができた。彼らが供給を義務づけられた配給量は次のとおりだ。毎日一ポンドのビスケット、一ガロンのビール、それに週四・二ポンドの塩づけ牛肉、あるいはそのかわりに一ポンドのハムか豚肉、および一パイントのソラ豆。週のうち他の三日は、四分の一ポンドの棒鱈《ぼうだら》、八分の一ポンドのバター、四分の一ポンドのチーズであった。請負人は（代金と引き換えに）、タワー・ヒル、ドーバー、ポーツマス、それにロチェスターにあるすべての王立の醸造所、パン焼き工場などを利用する権利をもっていた[264]。

一六五〇年、プライド大佐と他の五人が、イギリス王国と供給契約を結んだが、これにより彼らは、海上勤務者一人当たり八ペンス、軍港勤務者一人当たり七ペンスの割合で給食する義務を負う。一六五三年、海上勤務者の場合は八ペンスから九ペンスに増額された。

一六五四年、請負人は契約を解除した。その結果、ロメオ・オールダーン大尉を局長とする給食局が設けられた。チャールズ二世は、艦船の給養を再び請負人に委託した。それはデニス・ゴーデンで、一六六八年、国王により二人の責任者が、彼に配属された。一六八三年には事務官と請負人たちを配下にもつ給養長官の制度が設けられた。そうはいうものの、私的供給契約の方式による食料品供給の仕組みが、この新しい監督官僚の存在にもかかわらず残っていた[265]。

フランスでは陸軍に対する食料品供給の仕事に、アンリ三世の時代には王の官僚である給養官が取り組んだ。彼らは、それぞれの徴発組織を通じて必要な食料品をとりまとめておく地方官僚からの供給を受領せねばならなかった。

この自給自足的調達方式のかわりに、アンリ三世の治下に新しい供給組織が登場した。すなわち、商人たちは、これによりさまざまな数量の必要な物品を、さまざまな価格で供給した。この種の最初の契約は一五七五年、リュシナン攻略戦にあたり、ノアール、アモリの富裕な市民と結ばれた。[266]多くの場合協同歩調をとり、供給会社をつくっていた御用商人は、前述したように糧食供給者と呼ばれた。ショワズールが一七六五年、陸軍への食料品供給を再び国家の監督下に置き、これにより（いたるところでそうだが）、ここでも軍隊の御用商人が得ている「莫大な利益」を国家に役立たせるようになるまで、こうした糧食供給者にフランス軍の給養組織は依存していた。[267]

しかしこの改革は、ショワズールの措置の多くがそうであったように長続きはしなかった。御用商人の制度は、ただ一時的に廃止されたにすぎなかった。いずれにしても、彼らはフランス革命戦争の間に再び登場した。その頃、強力で富裕な御用商人連中が勢いをふるった。

十七および十八世紀の間に、しだいにすべての軍事国家が調達方式に移行したようだ。軍需調達取引（これは、武器、弾薬、軍馬、被服類等の供給にも及んでいた）は、異常なほどもうけが多く、取引のきわめて重要な一分野となった（次節以下で、そのいくつかの特徴を列挙するにあたって、わたしはすべての日用品の軍への供給を念頭に置いている）。

（六）「軍への供給によって大いにもうかった」というあの指摘によって、わたしはやはり、注目し強調する価値がある問題点に触れることになった。明らかに、それ自体、高い割合で軍需品調達取引に内在している財産形成能力のことをわたしは考えているのだ。

　あらゆる時代において、軍需品の調達は著しく実益をあげることができた。それというのも、いざという場合には、軍事調達の仕事で国家全体が利用されることになったからだ。たとえば、十四世紀、イギリス商人が軍需品の調達でたちまち富裕になったことが知られているが[268]、十四、十五、十六世紀[269]、さらに十七、十八世紀においても事情はかわらない。たしかに早い時代には手工業者が、御用商人として登場したとしても、やがて彼らに特別の意味を与えた軍需品取引が、経済生活のなかでも最高に財産を形成させる分野となったようだ。

　この考えは、中世については即座に受け入れられるだろう。なぜなら、初期資本主義の時代ですら、この事実がわれわれに、すぐれた観察者デフォー〔一六六〇～一七三一、イギリスの小説家、『ロビンソン漂流記』の作者〕によって確認されているからである。これについてデフォーは次のように述べている[270]。

「非常に多くの家族がここ数年、興隆した。それは近年の戦争における大作戦や、海外における事業による成果で、まさにイギリス紳士社会の名誉である。ところで同じ時期に、戦争に便乗し、多くの商人たちがどのくらい巨大な財産を得たことであろうか？　それは陸海軍双方に、被服、食料品や装備を供給し、もろもろの費用を支払わせたおかげである。……たんなる小売り商人が脚光を浴び、一〇ポンドの所得を二万ポンドの所得へとのばし、あまたの財産を家族に分配しているありさまを見ると、情けなくなってくる」。

フランスでは軍需品の調達によって富裕になる現象が、以前から大きな役割を演じてきた。それにここでは、十八世紀においても、この方式を通じて、しばしば巨大な財産が、ほとんど無から生じたことが明らかに確かめられている。革命戦争の時代には、次のような記述がある。「多くの企業家が、契約を結ぼうと殺到した。そもそもそれはどんな連中なのか？　前述したように、まったく資産のない連中である。富者はおのれの金をひた隠しにしていた。したがって、その頃のフランスの権力者は巨額の金を前払いしてやるか、あるいは、信用なしでも供給してくる御用商人と取り引きせねばならなかった。この方式でゴダール、ガイヤールなど、さまざまな会社が誕生した」。

これらの会社は巨万の富を得た。これら会社のなかで、もっとも有名（しかも、もっともいかがわしい）のはゴダール社で、この会社は年間一三〇〇万フランの債権を政府にもっていたということである。(271)

軍需品調達組織の根本的な探究は、まことに魅力的で、得るところの多い学問的課題であろう。しかしわたしは、本書の枠を越えることなしには、こうした課題を、これまでの関連で解答することは当然できない。したがってわたしは、特別に注目に値すると思われるある一点だけを指摘しようと思う（これにより再び軍の給養と近代的資本主義との間の重要な関連が明らかになるであろう）。

（七）　その一点とは、軍の調達とユダヤ人との間のあらゆる時代を通じての密接な関係である。中世以来のユダヤ人の経済的発展を追究した者はだれでも、軍隊の必要物資を供給したのは、しばしばユダヤ人であったという事実に驚かざるをえまい。

ユダヤ人がスペインで経済生活を支配したさい、軍の御用商人としても卓越した役割を演じたのは当然である。しかしスペインからの追放後に活動した国々においても、彼らはただちにあらゆる業種のなかで、もっとも実益の多いこの仕事に好んでたずさわった。十七世紀および十八世紀のイギリスにおいて、彼らは予想どおり特性を発揮した。共和政治の時代には、もっとも重要な軍の御用商人は、A・F・カーヴジャル、「大ユダヤ人」である。彼は一六三〇年から一六三五年の間にロンドンにやってきたが、まもなくイギリス有数の商人にのし上がった。[272]　一六四九年、彼は枢密院が軍への穀物供給を委任した五人のロンドン商人の一人となった。その後、ウィリアム三世治下の時代には、「大請負人」として、サー・ソロモン・メディナが登場した。彼はのちに、爵位を得、「ユダヤ人メディナ卿」にまで立身出世した。[273]

これと同様、スペイン継承戦争中、敵側の軍隊に必要物資を供給したのもユダヤ人である。「フランスは、戦場に騎兵を出陣させるため、つねにユダヤ人の援助を利用した」。[274]

一七一六年、ストラスブールのユダヤ人は、情報提供と食料品の供給によって、ルイ十四世以後のフランス軍に貢献した。[275]　ヤーコプ・ヴォルムスは、ルイ十四世の主要御用商人であった[276]。十八世紀には、彼らはひきつづきこの役割を演じ、フランス国内で一層地位を高めた。

一七二七年、メスのユダヤ人は六週間以内に、二〇〇〇頭の馬を食用として、また五〇〇〇頭以上の馬を軍馬として同市に運びこんだ[277]。フォントネイの勝者、ザクセンのモーリッツ元帥は、自分の軍隊は、ユダヤ人を起用したときほどよい給養を受けたことが、一度もなかったと述べた[278]。ルイ王朝最後の二人のフランス王の時代に、御用商人として卓越した手腕を見せたのはユダヤ人、ツェルフ・ベーアである。彼の帰化許可証のなかには次のように記されている。

「彼はこのたびの戦争、ならびに一七七〇年から一七七一年にかけてアルザスを襲った飢饉にさいし、フランスの職務や国家につくした熱意を証明する機会をえた[279]」。

十八世紀における第一級の国際的商社は、ボルドーのアブラハム・グラディスである。グラディスはケベックに、アメリカで戦うフランス軍の補給のための大倉庫を建てた[280]。フランスのユダヤ人は、革命期と執政官政府時代、それにナポレオン戦争の最中にも、御用商人として卓越した役割を演じた[281]。

ドイツでも、早期にはしばしば、ユダヤ人がもっぱら御用商人の地位にあったことがわかっている。枢機卿アルブレヒトは、一五三七年、ハルバーシュタットに来たイザーク・マイヤーに時勢の危機を念頭に入れ、「修道院に、すぐれた大砲、甲冑、それにもろもろの軍備をしておく」よう要望した。またヨーゼフ・フォン・ロスハイムは、フランス人で、スペイン軍に金銭や食料品を供給したことによって、一五〇八年、神聖ローマ帝国皇帝の保護免許状を受領した。一五四六年には、軍隊に、毛布とオーバーを供給したボヘミアのユダヤ人がいたことが知られている。[282] 十七世紀（一六三三年）には、ボヘミアのユダヤ人、ラザルスが「スペインの無敵艦隊が、非常に気にかけているニュースと情報」を自ら、あるいは他人をやとって入手し、またつねに「ありとあらゆる種類の衣料と軍需必要品を無敵艦隊に供給する」ようつとめたことが証言されている。[283]

大選帝侯は、ライネマン・ゴンペルツとザロモン・エリアスを起用した。「選帝侯の軍事作戦にさいし、彼らは非常に役立った。なぜなら、彼らは軍の必要に応じ、大砲、小銃、火薬、組立機器の部品など、どしどし供給したからである」。[284]「新騎兵中隊の記録」と題する自筆の論文のなかで大選帝侯は、「ユダヤ人、レヴィン・マイヤーに対し、彼が調達した軍馬のために、一七一九年六月末までに一万三四八三ライヒスターレル（とりわけ二万三四〇八ライヒスターレル一三グロッシェン九ペニヒ）を支払うべし」[285]と記している。また、ザムエル・ユリウスなる人物がいる。彼はザクセンの選帝侯、フリードリヒ・アウグスト王の下で、皇帝、王室御用の軍馬補充係、つまり軍馬の供給者であった。またモーデル家は、アンスバッハ侯国（十七、十八世紀）の宮廷、および軍事に関する御用商人であった。[286] 軍馬がとくに安価に供給された場合は、「ユダヤ人軍馬補充係」がいたといわれた。[287] ジッテンバルトの『フィランダーの物語』のなかで、モシエロシュは単刀直入に「したがって、すべての御用商人はユダヤ人であり、すべてのユダヤ人は御用商人である」と言っている(288)。

　皇帝レオポルトの下で、追放後（一六七〇年）、再びウィーンに住むことを許された最初のユダヤ人富豪であるオッペンハイマー、ヴェルトハイマー、マイヤー、ヘルンュルらは、全員が軍関係の御用商人であった。「皇帝陛下の軍事局長でユダヤ人」と公式に呼ばれ、自分でもそのように公文書に署名していたザムエル・オッペンハイマーは、プリンツ・オイゲンのすべての遠征にあたって食料品と弾薬の供給をした(289)。軍の御用商人として、十八世紀に入ってもつづけられた、彼の活動に関する多くの裏づけ資料が、オーストリア全土に見受けられる(290)。

　最後に独立戦争中（また後の南北戦争中）、アメリカ軍の供給につくしたユダヤ人御用商人がいたことにも触れておきたい(291)。


　われわれはすでに一度この研究のなかで、ユダヤ人にめぐりあっている。それは戦争のための資金集めに関してである。この方面では、彼らは金貸しとして、とりわけ債務関係の客観化（証券取引所の方式で扱われた部分的債務の形成）によって、国家に多額の借款の受け入れを可能にした。彼らはある戦争によってもうけたかと思えば、別の戦争でももうけた。つまり彼らは、他の諸民族が互いに戦っているもろもろの戦争で、どんどん富裕になった。彼らの固有な社会的地位と素質のおかげで、ユダヤ人はキリスト教徒よりも、この面での機能をより上手に実践し、まさに戦争によって富と名誉（宮廷ユダヤ人になる）を獲得した。

戦争によって、彼らはこれまでほのめかしたような方途を通じ、いろいろな場所でまず各国の国民経済の源泉に到達できる通路を開いた。ヨーロッパとアメリカにおけるユダヤ人の経済支配は、とくに戦争のおかげである。しかしこのことが何を意味するか、とりわけ資本主義的経済組織の形成にとって、何を意味するかを、わたしがここで詳述する必要はあるまい。それというのも、わたしは拙著『ユダヤ人と経済生活』をもっぱらこの対象の研究に捧げているからである。

工業生産の分野の内部で、軍の給養が与えた影響は、あまりたいしたものではない。ただこの分野でもいくらかの影響は見受けられる。製パン業の分野では、最初の大経営は軍用製パン業に見られる[292]。この産業が本質的には手工業的な枠内で細々と行われていたプロイセンのような国では、まさに革命的影響を与えたに違いない。

*

付録

軍隊に対する食料品の供給とまったく似た方式で、軍馬の調達が組織化された。この仕事には、大多数がユダヤ人の富裕な商人たちが取り組んでいた。それにこの仕事は、折に触れて伝えられたように、やはりてっとり早い金もうけの手段であった。

軍馬の調達についてくわしい情報を与えてくれる資料は、まだ依然として書庫のなかに隠されている。これまでこの対象についてなされた学問的研究は、けっして問題点を解明しつくしたわけではない。もっともくわしい研究成果は、E・O・メッツェル『プロイセン軍の新馬供給――その歴史的発展と現況』二巻本（一八四五～七一年）に見られる。

いくつかの適切な指摘が、他の類書にも散在している。なかでも有益なのは、しばしば言及されている、G・プラートが、スペイン継承戦争中のピエモンテをめぐる戦費を扱った著書である。この本では、たとえばトリノの戦いでは、騎兵の二〇二四頭の馬が損害を受けたことや、外国で買った馬が平均して一八ルイスドルであったのに対し、国内で買った馬は一〇〇から一五〇ポンドであったことが、伝えられている。また大がかりな調達が行われたことも報告されている。たとえば一七〇四年には、一三〇〇頭の軍馬供給についてルリン・アンド・ニコラス銀行と取引が行われたという(293)。

第五章　軍隊の被服

1　被服組織

はじめは、各兵士は被服についても、自分で面倒を見た。歩兵の傭兵は、自分でこれならよいと思った被服を持参した。しかも、シャルル勇敢王の直属中隊ですら（一四七一年）、実際にはすでに「常備軍」であるにもかかわらず、兵士は、自分で（武器と同様）おのれの被服の心配をせねばならなかった。(294) エリザベス女王時代のイギリス艦隊についても、同じような状態が見受けられる。(295)

所管の官庁が被服組織について配慮しはじめたときも、ちょうど給養と同様、間接的に面倒を見る形式で行われた。当局はたしかに、各戦士の思いつきと自己負担による装備に委《まか》せたけれども、彼らが衣服の購入にあたりお買い得の商品を入手できるよう気を配った。

イギリス政府は十七世紀、自国艦隊についても、同じような方法をとった。一六二三年、水兵は給養長から、「スロップ」と呼ばれる水兵用既製服および付属品を購入するようすすめられた。その理由ははっきりしている。水兵たちがあまりにもひどいボロ服を着、汚れた姿でうろつくために艦船中が臭くなり、あまつさえこうした被服の汚染による伝染病発生の危険が生じてきたからだ。「いつも同じ服ばかり、それこそ着たきりスズメのありさまから生ずるむかつくような汚染と、それが原因で起こる身体の病気や船内にたちこめるひどい悪臭を避けるため云々……」[296]。しかしこうしたスロップ服の購入は、義務づけられず、また、下級水兵には価格が高すぎると思われたために、いっこうに購入者が現れなかった。「水兵たちはほとんどスロップを買わず、ボロをまとってうろつくほうを好んだ」。

しかし政府はその後、安価な被服の調達に配慮した。一六五五年、いかなる仕立屋も海軍委員会の認可がなければ、艦船乗組員に被服を供給することが許されないとの指令が出された。一六五六年、スロップの価格が固定され、ズックのジャケツ（短上着）は一シリング一〇ペンスなどとされた。しかし海軍委員会は、被服材料の品質については、なんの保証もしなかった。もし水兵が、自分の「手回り品」を失った場合は、再購入の費用を、国庫からもらい受けた[297]。

ばらばらだった部隊が安定し、統一的軍団として結集するようになると、被服も各兵士が配慮するかわりに、集団的に配給されるようになった。軍団全体に被服が配給されるという方式は、以前にもしばしば行われたことがあった。召集兵や、民兵は、しばしば平時にそれまで市民生活を送っていた共同体から被服を給与された。兵役の義務のある諸都市の兵士は、ほとんどの場合、それぞれの都市から被服を与えられた。

しかしフランスのシャルル八世直属の「射手義勇兵」は、共同体から完全な被服一式を入手した。のちには、国王と共同体が、十八世紀まで絶えず繰り返し召集された民兵の被服供与を分担した。国王は武器、大型の装具、とりわけ被服の供給と召集兵の給養に配慮した。だが、小型の装具、たとえば帽子、チョッキ、シャツ、靴などの供給は、共同体の責任とされた[298]。

とくに十六、十七世紀に組織的な軍事行動が盛んになるにつれ、各兵員の自前の調達はなくなり、当然、軍隊の被服担当の最高責任者には連隊長あるいは中隊長がなるという事態になった。

連隊ごと、あるいは中隊ごとのこうした被服供給組織は、おそらく近代軍隊のはじめから十八世紀の中頃まで支配的であったようだ。イギリスでは、すでに十六世紀のはじめ、この風習が法によって改善された（ヘンリー六世の治世十八年、エドワード四世の治世二年および三年、チューダー朝の治世十八年[299]）。フランス[300]やブランデンブルク[301]でも同様であった。

しかし、早くから国家は、自ら軍隊の装備に関与してきた以上、被服組織にも介入しようとした。他の措置と並んで国家は当初、軍隊の一部に完全に軍服を配給するか、あるいはすべての軍隊の被服の一部の供給を引き受けることになった。

この場合、国家は、連隊長あるいは高級士官に、被服材料とくに軍服用布地をそれ相応の代金と引き換えに提供した。たとえば、ブランデンブルク－プロイセンでは次のようなことが行われた。

一六一一年五月二日、辺境伯エルンストは選帝侯に対し、二人の連隊長、フィリップ・フォン・ゾルムスとクラハトにはすでに彼らが受けとった軍隊の給料、布地などのほかにまだ七万一〇三三ライヒスターレルの債務があると報告した(302)。十八世紀になっても、この混合した方式はプロイセンでは依然として実施されていた。連隊長には被服給与の責任があった。ただし、陸軍省が布地の購入を配慮し、大量の布地を各連隊に交付した(303)。あるいは、王侯が兵の被服の一部を、そして将校が他の一部を交付することもあった。

たとえばアンハルトの歩兵連隊の軍服供与については、一六八一年一月二十二日付で次のような協定が結ばれた(304)。

アンハルト侯は、いまや更新さるべき軍服を交付する。アンハルト侯は、将校団ならびに、実際に中隊を指揮する立場にある主だった者たちと次のような契約を締結する。

①アンハルト侯は、ただちに丈夫で長い青色の布製マント、一〇〇〇着分を交付する。

②アンハルト侯は、将校たちに十ヵ月分の被服費（二ヵ月分はアンハルト侯がマント代として取っておく）を供与する。

③将校団は、「われらは、各兵が所属する中隊に完全に上質の非難の余地のない軍服を用意すべきであるし、そのようにする意志がある」と約束する。しかも毎年約束せねばならないが、三年後にはすべての被服の装備が、更新されることになるというのだ。

軍隊の被服供与のために王侯が採用した別の方式は、軍の一部の面倒を完全に見ることであった。したがってこの場合は、軍隊は、国から軍服を供与される連隊とそうでない連隊との二つに分かれた。

当初から王侯はおのれの護衛兵の装備には配慮した。その後、護衛兵がかなり拡大され、たとえばフランスでは「近衛軍」となったときでも、彼らに十分な、高価な装備をさせるべく努力された。これと並んで、王侯は他の軍隊にもそれぞれの必要に応じ、また王侯自身の能力に従って軍服を供与した。

イギリスでは、すでにエドワード三世が（一三三七年）南北ウェールズの収入役たちに対し一〇〇〇人の召集兵の全員に軍服を作らせるために、大量の布地を調達するように指示した。[305]

十六世紀末期と十七世紀のはじめには、アイルランドの歩兵全体の兵力と、彼らに国費で軍服を供与した実数と、それにかかった費用についての正確な数字が残されている。[306]

	軍服の形式	部隊員数	軍服供与部隊員数	費用（ポンド）
（エリザベス女王治世）				
四一年	夏服	一万二〇〇〇	七五〇〇	一万七八一八
	冬服	一万二〇〇〇	―	二万九八〇六
四二年	夏服	七〇〇〇	―	一万〇三九三
	冬服	一万二〇〇〇	六三〇〇	二万九八〇六
四三年	夏服	一万二〇〇〇	八〇三〇	一万七八一八
	冬服	一万二〇〇〇	六八五〇	二万九八〇六
四四年	夏服	一万〇〇〇〇	八五〇〇	一万四八四六
四五年	夏服	一万〇〇〇〇	八五〇〇	一万五三三〇
（ジェイムズ一世治世）				
一　年	冬服	七〇〇〇	三〇四〇	一万七八六四
二　年	夏服	五〇〇〇	一四六〇	七六五八
	冬服	三〇〇〇	一五〇〇	七六五六
三　年	夏服	三〇〇〇	三一六	四五〇八
	冬服	一三七〇	二五〇	三四五六
			費用合計	二〇万六七六三

（今日の相場では七〜八年内に約一三〇万ポンド、つまり約二六〇〇万マルクとなる）

フランスでも同様に、時に応じて国庫の補助があった。一六三〇年、リシュリューは特定の連隊に軍服を供与した。一六四五年には、カタロニア駐在の陸軍に軍服と軍靴が送られた[307]。

十八世紀には、すべての軍事国家において軍の被服組織の国営化が実現した。そうはいうものの、これは被服の生産あるいはたんなる供給面で、すべてが直接国家によってなされたことを意味しているわけではない。たとえば一七四七年、原則的に国家管理が実施されるようになったフランスでも、ふたつのシステムがそのまま残っていた。ひとつは国家管理、もうひとつは部隊の直接管理（中隊管理）である。しかし、後者もやはり、国の指導の下に行われた[308]。

軍隊の被服方式や組織の模範となったのは、一七六八年に設立されたオーストリア軍服委員会である。その目的は、戦時、平時を問わず、陸軍の各部隊全員に必要な軍服、備品、皮革製品、軍馬の装備のための物品、ならびにあらゆる種類の戦場における必需品の調達と同時に、病院用器具と寝具の供給を配慮することである[309]。

しかし、詳細はここで論じないことにする。被服の供給制度が、数世紀たつと個人の配慮する事柄から、完全に国が管理する事柄へと移行したという傾向が確認されれば、それで十分であろう。ひとことで言えば、軍のこの分野でも、今後さらに実情の究明が必要な需要集中の傾向が見られたことである。

2　軍服

被服の供給組織と密接に結びついているのが、経済の諸問題にとってとくに重要な被服形式のもろもろの変化である。

各戦士がそれぞれの思いつきと能力に応じて、おのれの被服を配慮せねばならなかったときには、武器調達のさいに見られたのと同様、全軍の兵士が色とりどりの衣服を着た大集団となっていた。それぞれ個人的な奇妙な趣味を衣服に表現した一群の傭兵たちの姿が目に浮かぶ（補足的に述べておくが、そのころは依然として色恋沙汰を繰り返し、贅沢《ぜいたく》にふけり悠々と生活したまったく世俗的な兵士たちがいた。彼らは内的、外的な規律によって拘束されることが一切なかった）。

しかしこの被服の多様性は、さらに十七世紀にも及んだ。グスタフ・アドルフ麾下《きか》のスウェーデン軍は、まことに奇妙ないでたちをしていたに違いない。一六二一年に決められた被服組織に関する唯一の規則は、次のように述べている。「兵士は、自ら、戦士にふさわしい便利な服装をせねばならない。そのさい問題になるのは、材料よりも、むしろ仕立て方だ」。

ところが、プロイセンにおける戦争のさいにも、スウェーデン軍の兵士は、服装のせいで

「みすぼらしい農奴」と呼ばれた[310]。そして一六三二年になってはじめて、羊の毛皮が特別な毛皮税によって廃止された。しかし大選帝侯の軍隊も各連隊をみるかぎり、彼の治世の末期でも、今日の統一された軍服着用の軍隊とはほど遠かった。

シェーニング将軍およびバールフッス将軍の一六八三年の査閲報告のなかで、近衛兵の軍服について次のように記されている。

「軍服のもっとも古いものは、五年三ヵ月前に支給された。しかしとくに第二近衛中隊の軍服はまったくなっていない。上着も外套《がいとう》もひどくすりきれている様子だし、それに不揃いなことはなはだしい。数人が青い布製ズボンをはいているかと思うと、別の数人は革製ズボンをはいている。一部の兵士は円型ボタンを、他の兵士たちは真鍮製ボタンをつけ、一部の兵士が空色の、他の兵士は紺青色の上着をそれぞれ着用している。……[311]」。

このために十七世紀の軍隊は、依然としてつねになんらかの認識票を身につけていた。たとえば、隊長は陣中懸章をつけ軍帽を羽毛で飾った[312]。特別の軍旗、旗幟があったが、兵士はそれぞれの軍帽に標識、つまり野戦章をつけていた。

軍服が普及したのはいつ頃からか？　その由来は何か？　ヨーロッパの軍隊の近代的軍服と、中世でも特別な機会に着用されたという均一の衣服とを結びつける試みがなされた。しかし、この両者はまったく違っている。それというのも、両者は、全然別の精神から生まれたからである。中世では人々は、尊重する「色」の服を着用した。そして彼らは、特別な色を際立たせるために、こぞって集合した。その機会は、祝祭や、公式な送迎、王侯の入城、それにありとあらゆる種類の忠誠の表明のさいに見受けられた。こうした場合には、当然、同じ色の衣服、あるいは同じ恰好の衣服の人々が、どっと繰り出して来た。そのさい、彼らの服装は（それぞれが）同一ではなく、（色のみ一定）独特であらねばならなかったため、まったく同一ではなかったようだ。

この礼装は、もともとはおそらく同一目的（忠誠の表明）に起源を置くけれども、その後は別のもろもろの理想の複合体である奉仕の関係のなかで、別種の服装に移行していった。宮廷に仕える者は早くから色が決められた王侯の宮廷服を着用した。たとえ、一定の服を着るか着ないかが着用者の自由意志によるとされる時代になっても、廷臣の服装は、主君によって強制された。主君としては、色彩を一様に定めることによって、できるだけ堂々たる一群の臣下が隷属していることを、ひいてはおのれ自身の権力の強大さを誇示したかったのである。

しだいに「従僕の服装」となった「宮廷の服装」は、少なくとも外面的には軍隊の近代的軍服を発生させた一つの起源であったろう。近衛兵は、主君の色彩の服を着用するものだ。

このような王侯の近衛兵の統一的な衣服は、すでに十五世紀に、いたるところで見受けられた。アルブレヒト・アヒレス侯の下では、一四七八年、次のように定められた。「上着は半分が黒、半分が灰色。黒い袖に文字を書いた白布をつけること」[313]。イギリス国王の軍隊が緋色の軍服を着用するようになったのは、おそらくヘンリー七世以来のことであろう[314]。フランス海軍艦艇の乗組員がフランス王室の色の服を着るようになったのは、ルイ十一世の時代からである。王は、ガロンヌ川の特定の船舶乗組員にも、王室の色の服を着ることを許した。一五一四年、サン・マロ駐在のロシュレーズの海員六〇人全員が王室の色である青と赤のジャケツを着用したが、他方、スペインの船員は赤と黄のジャケツを着用した[315]。

十七世紀まで、いや、それ以後まで、軍服に与えられた名称によって、そもそも後世の軍隊の軍服が、従僕関係に起源があることをほのめかしている。すなわち、お仕着せである(これは独、仏、英語によりそれぞれ次のように表現されている。Livree, livrée royale, royal livery)。「軍服《ウニフオルム》」という表現は、ドイツ語では(!)、フリードリヒ大王の時代に、はじめて用いられるようになった。

一六〇五年、ブラウンシュヴァイク大公、ハインリヒ・ユリウスが一万六〇〇〇人の歩兵と一五〇〇人の騎兵を査閲したとき、全員が「お仕着せ」を着ており、しかもその色は大公の色であった[316]。

任官に関する記録文書によれば、クラハト大佐が一六二〇年五月一日に募集した六〇〇人のマスケット銃兵は、灰色の布地で青色の標識のあるお仕着せを着用した[317]（他方四〇〇人の工兵には明らかに、なんの軍服も用意されていなかった）。

一六七九年十一月二十五日、ハンブルク市政府は、市の兵士に「ある種のお仕着せ」を用意すること、すなわち、彼らに軍服を着用させることを決めた[318]。

十八世紀のはじめでも「高価な選帝侯のお仕着せを着た家臣たちが騎行する……[319]」といった文章が見受けられる。

しかし近代の軍服を、従僕の制服のたんなる延長あるいは拡大とみなすならば、本質をまったく誤解していることになる。むしろ、近代の軍服が独自の起源から発生したこと、それに近代の軍服は、その精神、ひいてはその具体化からして、お仕着せとは根本的にまったく異なった人間的な関心事の分野に属していたことを知らねばなるまい。

重要なのは、近代の軍服が、すべからく合理的構造を備えていることだ。これは一連の強力かつ微妙な合目的的目的をめざす考慮から生まれたのだが、この基礎とは、なにはともあれ軍事的な配慮である。

それは純粋に外面的な理由にもとづいている。すなわち、特定の軍隊の軍服を容易に認識し、他の軍隊と簡単に区別できることである。しかしこの外面的理由には、軍服の統一化を促す重要な内面的理由が伴っていた。軍服はその着用者に、同じ衣服を着ていないと、どうしても保持しえない団結感を抱かせたと言うことができよう。往時の召集兵の理念が、まだ完全に色あせることなく、臣下の一般的兵役の義務の思想のなかに化体化〔最後の晩餐のパンとワインがキリストの肉体と血に変わること〕されようとしたとき、この考慮は、早い時期からすでに打ち出されていた。当時（十六世紀）、一般的兵役の義務をおのれの著作のなかで喧伝したヨーハン・フォン・ナッサウ伯爵は、さらに国が決めた衣服が自己意識の強化に及ぼす影響を力説した。彼はヘッセンの辺境伯〔近世では神聖ローマ帝国諸侯の世襲称号〕モーリッツとともに、軽歩兵の胴着がいずれも絹製であるならわしがあるところから、羊毛製ズボンの色によって各部隊を区別することを欲した(320)。

この考え方とは似て非なるもうひとつの考え方が、偉大な軍隊組織者たちによって打ち出された。彼らは、軍服は軍隊のすぐれた規律を保つことになると考えたわけだ。かつてフォン・ナッサウ伯爵が、軍服によって兵士の自発的忠誠がうながされると期待したのに反し、この考え方は、個々の兵士を全体の目的のために、いわば他律の形で服従させることに軍服制定の効果を期待した。フリードリヒ大王はかつて、大選帝侯の軍隊の状態を記述したとき、「軍服なくしては、規律なし」ということの考え方を明らかにした(321)。

「彼の騎兵は、全員がまったく古式ゆかしい甲冑を身につけていた。彼らは規律ある戦闘ができなかった。それというのも各騎兵が、それぞれ勝手に軍馬、服装、兵器を用意していたからである。そのために全軍まさに異常なまでに、千差万別のありさまとなった」。

すでに繰り返し、力説してきたように、近代軍隊の規律は、動物的な人間性を一掃するため、摂理によって授けられたとする精神から生まれた。前述したように、軍国主義とピューリタニズムは双生児の兄弟である。このために、最初の、すばらしく統一された軍隊は、クロムウェル麾下の「聖者」たちであった。

目的意識についての配慮には、その上、いわば補佐役として同じように軍服統一化を迫る経済的理性の強力な根拠が伴っている。軍服の均一性は大量購入と大量生産の可能性をつくり出す。値段が安いということがそのなかでも一番重要なのだが、他に多くの利益を保証してくれる。これによって今や、早くも軍隊の被服問題の経済的考察の分野に足を踏み入れることになった。それではこれについて、多少、詳しく展望してみよう。だが読者諸氏に、ここでしばし忍耐してもらいたい。それというのも、これを扱う前に、いかにして近代の軍服の歴史が動いていったのかを、少なくとも数行の文章によって述べてみたいからだ。

この歴史は、簡単な文章で次のように要約できる。すなわち軍服は、被服組織の国家管理と同じ割合、同じ速度で、拡大されていったということである。まずはじめに軍服は、前述したように、近衛部隊で採用された。その後、もろもろの都市は、彼らの軍隊に、ほとんど規則的に、軍服あるいは少なくとも統一された布地による被服を用意するようになった。

やはり同様に早くから軍服が進出した他の部門は、召集兵の部隊である。一六一三年のザクセンの国防軍命令は、灰色の布の上着、赤い襟、短い布製ズボン、それに赤い靴下を、歩兵の服装と定めた。それればかりか騎士団は、軍服の上着ならびに縁飾りの色によって区別されるようになった(322)。

十六および十七世紀の傭兵部隊では、しばしば個々の連隊への軍服導入が見られた。連隊長は、目玉商品ともいえる麾下の部隊をことさら立派に見せようと、団結ときびしい規律が備わっている様子を誇示しようとけんめいにつとめた。

後になると、傭兵連隊の軍服着用は任命契約のなかではっきりと定められた。一例をあげると、ヘッセンの竜騎兵設立に関する一六八八年十月十九日付の協定がある。[323]

王侯が麾下の軍隊一般の被服の面倒を見る割合がふえるとともに、王侯は軍服を制定するようになった。そこで、十六、十七ならびに十八世紀において、国家による被服組織管理の進展につづいて軍服制定の動きの促進を追究することができる。そしてついにこの、二つの原則の完全な勝利が見られた。

フランス軍は、十六世紀にはいまだに本来の軍服を備えていなかった。しかし一部の部隊は、すでに他部隊と区別できるような軍服を着用していた。歩兵は軍服を着用し、個々の地方の弓術部隊は、それぞれの地方独特の上着と紋章を身につけていた（この軍服は他の起源、つまり「守備隊」の軍装に由来している）。しかしルイ十四世の治世にいたるまでは、ほとんどの連隊はたんに連隊長の飾紐の色によって区別されるだけであった。ルイ十四世は、王の連隊の軍服の色を青、王妃の連隊の軍服の色を赤、そして皇太子の連隊の軍服の色を緑とはっきりと定めた。一般に、麾下の連隊の兵士たちにどのような軍服を着せるかは、連隊長の裁量に委ねられたままであった。

フランス全軍の軍服を本格的に統一させることは、この世紀の中頃、すなわち一七二九年三月十日付、一七三六年四月二十日付、それに一七四九年一月十九日付の勅令によって、はじめて実現した。そのなかでも最後の勅令によって軍服化の原則は完全な勝利を得た。なぜならその勅令は次のように述べているからである。
「国王陛下は、将来フランスの歩兵連隊は、その被服の全体または一部を更新するようこれまでも命ぜられていたが、今またあらためて命ぜられることになる。今後は定められた規則を正確に守るべきである」。こうして軍服の着用は、絶えず繰り返し厳命されねばならなかった。[324]
イギリスの全陸軍も一六四五年にはじめて統一された（緋色の）軍服を着用した。[325] 海軍ではイギリスではやや遅れて、軍服着用原則が導入された。将校の軍服についての最初の規定は一七四八年に発せられた。[326]
ブランデンブルク－プロイセンでは、国家による原則的軍服採用は十七世紀はじめのことであった。よく知られているのは、ゲオルク・ヴィルヘルム軍の青色の軍服が、プロイセンに向かって行進するときに与えた印象についての、次のようなケーニッヒの記録である。[327]
「一〇〇〇人からなるブルクドルフの五中隊、ならびに一五〇〇人の騎兵を率い、一六三二年、選帝侯ゲオルク・ヴィルヘルムは、ポーランド王選出のため、プロイセンに向かった。リュッツェンの戦いの後、彼は再び、この軍隊を率いマルクに戻った。……この軍隊は、プロイセンでは、全員が青色の同一のお仕着せを着ていた。これはその頃では、異常なことであり、多くの反響を呼んだ。したがって彼らは、『青服』という名前を得た」。

たしかにヤニーは、被服組織の歴史にとって、長い間、重要な源泉とされたこのケーニッヒの記録を、すでに一六二〇年以来、ブランデンブルクは「青服」が存在し、この種の服が、他のドイツの軍隊にも見受けられたことからしても、誤りであることを証明している[328]。それはともかく、完全に統一された軍服に身をかためた連隊の姿が、その頃、大反響を巻き起こしたと考えてもよいであろう。しかし、これはまだ端緒であった。大選帝侯の頃になっても、われわれが用いている意味での個別的にはっきりと確定される軍服化は、知られていない。

ところが、――さしせまった戦闘にさいし――兵士にできるだけ同種の服装をさせ、これまた連隊長が面倒を見る同種の武器を持たせたことが、もろもろの資料からも明らかだ。騎兵部隊については、連隊長（あるいは彼の委任を受けた中隊長）は四〇ターレルの徴募手付け金と引き換えに、完全に、そしてできるだけ統一的に騎兵を武装させ、軍服を着せ、しかも軍馬を用意せねばならなかった。さらに彼は、兵士が規則的間隔を置いて、被服を更新するよう配慮した。このために彼は（前述したように）その費用を、騎兵の給料あるいは糧秣《りようまつ》代から差し引くことによって支弁した[329]。

あの頃の被服の形態は驚くほど多様であり、しかも五年ごとに、被服のありさまは、別の連隊とのあいだはもとより、同じ連隊の内部にあってもしばしばちがっていた。統一的な軍隊の被服史などはありえない。たかだか個々の連隊の被服の歴史があるだけだ。しばしば引用されてきた標準的著作がやっと判断に必要な材料をもたらしてくれた。そこで今になってはじめて、十七世紀におけるブランデンブルク－プロイセン軍の被服が、いかに多様であったかがわかるようになった。

数百年以前の昔の軍隊のことをよく知っている人は次のような判断をしている[330]。それによると、ブランデンブルク－プロイセンにおいては、歩兵はすでに大選帝侯の治世当初に軍服を着用するようになったが、騎兵は、治世の末期にはじめて着用したというのだ。ところがこのところ出現してきたもろもろの史料によると、この判断の少なくとも最初の部分は、どうやらあたらないようだ。むしろ、大選帝侯の軍服着用の原則は、彼の治世の間に、やっと実現したと言わねばなるまい。いずれにしても、プロイセン軍の被服は十八世紀のはじめに、完全に軍服化された。十七世紀の後半では、陸軍の大部分が、軍服を着用するという程度であった。

3　軍服需要の増大、軍服の統一ならびに規格化の経済生活に対する意味

前述したように軍服の一連の発展のなかで、注意すべき経済的な要点をいかに発見すべきかについて、われわれは学んできた。

陸軍の被服についていうべきことは、まず、必要とされる物品が軍内部で生産される可能性を度外視した場合、被服や、被服材料に対する多量の需要が市場で発生することだ。それ

にもともと軍内部での生産などは好まれず、その後も好まれることはなかった。新しい経済秩序の形成にとって注目される数世紀のすべての期間に、兵員のための軍服は、市場で購入された。

ところで近代の陸軍が被服を求めることによって生じた需要を知るには、前述の軍の兵力の数字を個々の兵士が必要とする被服材料や付属品の量に掛ければよい。また、衣服、マント、帽子、長靴などに関しては、兵員と同じ数だけ、それらの物品が必要とされるとみなせばよい。こうすれば容易に計算ができる。

十七、十八世紀の兵士の軍服に付属するものは、次の一覧表から判明する。

〈一九三名の兵士の被服に必要な物品表(331)〉

九六五エレ〔エレはドイツの単位。一エレは六〇～八〇センチメートル〕のロンドン製布地（ズボンと靴下用に各人五エレ）

九六五エレの衣服の裏地（各人五エレ）

三三一六エレの白、黒、粗製硬質亜麻布（各人一二エレ）

一一五八ダースの襟飾（ズボンなどに各人六ダース）

一九三ロート〔一ロートは一〇グラム〕の絹（各人一ロート）

五七九ダースの鉄製ボタン（各人五ダース）

五〇エレの並製布地、五本の針金（軍服装飾用に使用される）

一九三個の帽子

〈一六七九〜八一年の戦時救恤《きゅうじゅっ》金概算[332]〉

二〇〇個の帽子、各一五グロッシェン……一二五ターレル
五〇〇エレの礼服、各三・二五グロッシェン……六七ターレル一七グロッシェン
三〇〇エレの青地の帯紐、各一グロッシェン……一二ターレル一二グロッシェン
四〇着の青色マント、各三・七五ターレル……一五〇ターレル
二〇〇枚の頸巻、各五グロッシェン……四一ターレル一六グロッシェン
三〇〇エレの赤地帯紐、各八ペニヒ……八ターレル八グロッシェン
三〇エレの梱になった亜麻布、各一八ペニヒ……一ターレル二一グロッシェン
二五〇着の青色マント、各三・七五ターレル……九三七ターレル一二グロッシェン
二五〇個の帽子、各一五グロッシェン……一五六ターレル六グロッシェン
六二五エレの礼服、各三・二五グロッシェン……八四ターレル一一グロッシュン
三七五エレの帽子につける青リボン、各一グロッシェン……一五ターレル一五グロッシェン

　軍備全体の総額一万六九九ターレル三グロッシェン

〈十八世紀初頭の各歩兵の必需品[333]〉

五エレの布地〔一エレは一五グロッシェン〕……三ターレル三グロッシェン
七エレの粗フランネル〔一エレは四グロッシェン〕……一ターレル四グロッシェン
一エレの袖口用赤色布……一四グロッシェン
二〇個の真鍮製ボタン〔一ダースで四グロッシェン〕……六グロッシェン八ペニヒ
一ロート〔半オンス〕のラクダの毛……三グロッシェン
ラクダの毛でつくった二対の襟飾……六グロッシェン
縁が黄色の軍帽一個……一二グロッシェン
　総計六ターレル八ペニヒ

鞍や勒《くつわ》を含めた各騎兵の完全な軍服、軍装は、フリードリヒ・ヴィルヘルム一世の時代には、七三ターレル二グロッシェンかかった[334]。

十八世紀の初頭、サヴォイ騎兵隊とピエモンテ騎兵隊の各兵士は一三一・一六リーブル、ジェノヴァ騎兵隊の各兵士は一一〇・一四リーブル、そして砲兵が六五・一六リーブルを必要とした[335]。騎兵の軍馬の装備には七五・五リーブル、竜騎兵のそれには六七・四リーブルかかった[336]。イギリス兵士一連隊の軍服調達には一五七〇ポンド一六五シリング二・五ペニーかかった。

ここで布地について計算してみると、一〇万人の部隊の軍服を調達するためには、五〇万エレの布地、あるいは二万枚が必要であった。もし軍服の更新がすべて二年ごとに行われるとすると、一年間に一万枚が使い古されたことになるだろう。シュモラーは、十八世紀の初頭におけるブランデンブルク住民の全布地消費量を五万枚として計算した[337]。フリードリヒ大王は『ブランデンブルク回想録』[338]のなかで、クーアマルクおよびノイマルクからの布地の輸出量は四万四〇〇〇枚と述べた。イギリスのウェスト・ライディング地方の同時期の年間生産額は、布地約二万五〇〇〇枚である[339]。

これらの数字を見ると、兵士用の布地の需要が、それぞれの国や地方の紡織工業にかなりの刺激的影響を与えているに違いないと推量したくなる。しかしこの一般的な推量は、個々の場合でも、もろもろの出来事の動きにもとづき確証される。

ロシアでは、紡織業が、もともと軍需産業として登場したことはよく知られている。しかし、ブランデンブルクの紡織業も、軍の調達によって、かなり助成された。とりわけ、彼らがベルリンのロシア人部隊に用立てた十八世紀の一時期（一七二五～三八年）が大躍進の時を意味した。この時期にはロシア人部隊は、年間二万枚の布地をロシアに運んでいった。これらはすべて、ロシア陸軍の被服用の軍用布地であった。この量は、上述の全生産量の数字を見ると、まさに「とてつもなく重要である」[340]。国王フリードリヒ・ヴィルヘルム一世は、産業の繁栄と陸軍の発展との間のこの関連を十分に承知していた。彼は産業を顧慮しつつ軍の再建をはかった。一七一三年六月三十日付の軍服に関する規則は、軍の福祉とともに、国内にしっかりした織物工業を育成する目的で発せられた[341]。

軍の需要が国の紡績業にもっていた大きな意味を、頭のよい観察者は次のように強調している。

「陸軍は常に国の紡績業にとって重要な販路だといわれている[342]」。

巨大なイギリスの紡績業にとってすら、陸軍への供給は明らかに重要であった（もっともその主な販路は、別の方面に向けられていた）。彼らは、プロイセンが競争相手となるまでは、大量の兵士用の布地をロシアに送っていた。イギリス（およびオランダ）の商人が、プロイセンの進出と、はげしく争ったことがわかっている。一七七二年、ロシア向けのイギリスの羊毛製品の輸出額は五万ポンドに達した[342]。

とりわけ、七年戦争における軍事需要の国内紡績業に及ぼした刺激的影響は、鋭敏な観察者にはただちに明らかとなった。たとえばアーサー・ヤングは、あの数年間に、戦争が織物に対する巨大な需要をひき起こしたために、その生産のためにひどく「労働力」が不足するありさまとなったと伝えている[343]。

イギリスの羊毛工業の全生産のうち、どのくらい軍需に向けられたかを数字にもとづいて確定することはまったくできない。ただ、わかっているのは、たとえば十七世紀ドイツにおける軍事調達の概算のなかで、ほとんどの場合、兵士用の布地がロンドン製布地と記されていることぐらいである。

フランスでは、軍需用に操業している紡績業が、コルベール時代以後、大きな意味をもつようになった。十七世紀には、ランゲドックとベリで、こうした産業が見受けられた。ちなみに労働者の数は、オウビニで二〇〇〇人、シャトールーでは一万人となっている。メス、ロデーヴ（八〇〇〇人）、ロマランタンなど[344]、それにヴィレ、ヴァローニュ、シェルブールなどでも見受けられる。モンペルーでは、ロデーヴと合わせて一六〇万リーブルの兵士用布地が、毎年売却されていた[345]。

紡績業と同様に軍隊の被服をまかなう他の産業としては、亜麻布工業、帽子製造業、衣服製造業、それに長靴、靴下、ボタン、縁飾りなどをつくる工業があげられる。その他、軍馬の「装備」のための業種がある（蹄鉄工、馬具師）。最後に食糧輸送関係の業者（車大工）がある。こうして見ると、一国の産業の純粋に質的な発展にとって軍需というこの市場はまことに高い価値があることがわかる。

しかしこの純粋に量的な影響は、けっして経済的に最重要な事柄ではない。一層重要なのは、たとえば、軍隊の被服需要の充足が及ぼした経済生活の形式に対する影響である。とりわけ、どうしても確定しておきたい資本主義的な経済組織の形式への関与である。このように質的に規定された影響をそもそも証明できるのか？

この疑問に答えるために、まず軍隊の被服需要の方式を脳裏に浮かべ、さらにこれが被服組織の国家管理と統一化が進むにつれて同種類の物品の大量需要となったことを明らかにせねばなるまい。

いささかも誇張することなしに、すでに十七世紀、大部隊への調達のさいに見られたような、こうした需要の集中化は、当時はまさに前代未聞の珍事であったと言うことができよう。もろもろの人々、とくに商人にとっても、唯一の契約のなかで五〇〇〇着もの軍服一揃いをただちに調達することがとり決められたことは、まさに度胆が抜かれるほどの事件であったに違いない。実際にそのような契約が、一六〇三年、イギリス政府とユリー・バビントンならびにロバート・ボロムリーとの間に結ばれている(346)。

また、ヴァレンシュタインが発注した数字を見た者は、びっくりしたであろう。そこには次のように述べられている。

「余は兵士たちのために一万足の軍靴を注文する。これを今後、各連隊の兵士に分配するためである。……そのための皮革を準備してほしい。余はやがて数千足の長靴も製造させようと思っているからである。さらに布地もつくってもらいたい。おそらく、被服も必要となってくるだろう」。

アッシャースレーベンは一六二六年六月十三日、次のように記している。

「わたしの従兄のマックスは……兵士のために四〇〇〇着の被服をつくるよう命ぜられた(347)。その内訳は、亜麻布の裏地のある布でつくった袴下、布製ズボン、布製靴下である」。

「陸軍主計はギチンに赴き、一万三〇〇〇ライヒスターレルの代金で、軍靴、靴下、被服(のちの書簡によると、四万ライヒスターレルの注文が加わってくる)を軍隊用に製作させたという。どうかこの主計に協力してほしい。今年、諸君につくらせた四〇〇〇着の衣服についても、主計はしかるべき費用を諸君に支払うであろう。主計の支払いがすみ次第、発送してほしい(348)」。

一六四七年九月二十六日、コンラート・フォン・ブルグスドルフは、ハンブルクの商人、エバーハルト・シュレーフを相手どり、布地ならびに粗フランネルの供給に関する次のような契約を結ぶよう委任された。

「商人は選帝侯の陸軍将校に見本が示すように（ついでながら！）一五一二ブラバント・エレの青い布地を提供してほしい。一エレは現場では五ライヒスターレルとして計算される。また兵士に対しては、二万ブラバント・エレの青布地を、見本どおりに供給してほしい。そのさい一エレは、一ライヒスターレルと定める。……粗フランネル二万一五一二ブラバント・エレを、単価六シリングで供給してほしい。納品の期限は、マルティン祭（十一月十一日）より三週間後と定める[349]」。

こうした大量契約が行われた頃の世界は、どんなありさまであったかを、念頭に置いてほしい。商人たちにしてみれば、上述の九六五エレ（！）のロンドン製布地を調達するには、たいへん苦労した。こうした状況には次のような注釈がされている。

「補足として、その商人は伝えている。すなわち彼らは、商品を調達するのにやぶさかでないし、またそのために努力している。プロイセンではたとえ、しかるべき対策を講ぜられず、品物が不足する場合でも、できるだけ多量に調達することを望んでいる……」。

このことは、あらゆる種類の被服とその材料をめぐって、大がかりな取引が行われていたに違いないことを示している。軍の主計部としては、何千もの零細手工業者と直接取り引きするのを望まなかった。それに彼らは見本市や市場で物品購入に取り組もうとも思わなかった。そのため、この分野でも、広い資本主義的基盤の上に立つ、安定した取引を行うための重要な機会に恵まれることになった。しばしば王侯は生産者と軍隊との間の中間者となる請負人を必要とした。なぜなら請負人のみが――それこそひんぱんに――必要な信用を供与したからである。

心からなる感動なくして、その動きの報道を聞くことはできまい。[350] 一六七八年、大選帝侯は連隊長たちに次のような書簡を送った。

「われわれは欣然として、事態の必要から諸連隊が上等良質の被服を入手し、なんの不足もなく戦場に赴くようになるとの報道を聞きたい。さらに、われわれは、各歩兵連隊の初年兵には、被服費として三〇〇〇ライヒスターレルを支給する考えである。……一六七八年二月二十八日、シュプレー河畔のケルンにて」。

大選帝侯が、三〇〇〇ライヒスターレルという現金の持ち合わせがなかった時、ある連隊長は融資せねばならなかった。ところが、連隊長も現金を持っていなかった。一六七六年、彼の給料は一万三一六八ライヒスターレルであった！　しかし――数人のマクデブルクの商人が、この金額を信用で供与するよう申し出た。

「そういうわけで、わたしはすでに二〇〇〇枚の青色布地を購入した」とフォン・ボルンシュルフ連隊長は記している。

富裕な商人たちは、被服調達の取引にこぞって参入した。これによって彼らは、おのれの富を迅速に増やした。オランダ（！）の呉服商エルマン・マイヤーは、八万リーブルでイギリス製の布地をペテルブルクに蓄積した（一七二五年）。ベルリンにあるロシアの商社は一〇万ターレルの資本金で仕事を始め、最初の年に二万二八七八ターレルの収益をあげた[351]。イギリスでは陸海軍のために被服を供給する資本をかなりもっている請負人がいた[352]等々。

だが、大がかりな軍隊の被服やその材料の需要がひき起こした売買関係のこの性質の変化は、産業の形式にも影響を及ぼしたに違いない。まずはじめに、商人と生産者との間の関係が、内部的に変わらねばならなかった。手工業者は心ならずも、しだいに家内工業の労働者の立場に追いやられ、商人は（問屋制工業の）管理者となった。この変化過程を、再びブランデンブルクの紡績業について、かなりはっきりと追究することができる。

商人はひたすら自営の織物製造業者と支配権を争った。彼らはありとあらゆる強制手段を用い、零細手工業者をおのれの目的に隷属させようと試みた。この目的は、大量の同質の布地を即座に供給することであった。この需要目的から発生した製品の多量、迅速、同質の供給という要求を、長い目で見れば、自営の手工業者たちは充足させることができなかった。

この分野で、資本主義的組織による製品の統一を強制したのは、けっして、販路の地理的拡大や生産技術の変化、それに手工業者内部における資産の不均衡や売り上げの必要からではなく、商人が直面した販売のさいに生じるもろもろの難点であった。悲惨な嘆声をあげ、枢密顧問官のシンドラーは訴えている。彼はベルリンの王立紡績工場を一時指導していたが、一七二三年十二月二十七日、総支配人に手渡した報告のなかで、手工業的な布地生産がいかに不十分であるかを力説したわけだ[353]。

彼によれば、布地は品質が等質な上に長持ちがして、色彩が鮮明でなければならない。こうした場合（大量調達が行われる場合）、目標を実現するには、布地の生産にあたるすべての工員と、大型呉服店とが協力するのを常とする。しかしこの分野——ロシア軍への供給——ではそれだけでは不十分だ。工員も呉服商も、適正な設備、工程の面倒を見ることができないし、また、布の搗《つ》き晒《さら》し、調整、それに染色を統御できない。たしかにただ展示するさいは、ほとんどの染色は合格ということになる。それというのも担当の検査官は、欠点を探し出すにしてはあまりにも無知だからである。そんなわけで、集められた布地を見ると、糸の密度の高低には格差があり、布地の厚さや幅にも差異が出る。染色面でも、色がまったく不鮮明なものもあれば、明白に拙劣なものもある。このように述べたあと、シンドラーは工場生産[354]、すなわちマニュファクチュア、あるいは工場制の労働組織の生産がいかなる利点をもつかを説いている。

「工場内では、すべての労働あるいはあらゆる手仕事が布地の生産に向けられ、一体となって特別な設備を形づくっている。これによって、前述の主な欠陥がすべて回避される。……そういうわけで、年間に、何千枚という布地類が製造される工場からは、まったくわずかしか欠陥商品は出てこない……」。

大がかりな軍の調達は、こうしてまず手工業者たちを商人の命令権の下に従属させ、統一と秩序、正確、それに形式主義をできるだけ手工業方式の生産者に強制するようになった。

だが、家内工業的な経営方式は、作業を十分に機械化する上では不適切であることがわかってきた。組織をさらに一歩進め、大経営方式がとられた。こうなってくると、資本主義的な企業家の精神が完全に発揮され、消費者の新たな要求に適合した商品をはじめて生産できるようになった。

このベルリンにあるロシア商社は、その成果の一部をわがものとした。この商社は、非難の余地のないほどの商品を提供できるよう、自前で二つの染色工場を建てた。[355]

軍管理当局のもろもろの要求と完全に一致したのは、十八世紀にロシアで発生し、巨大な軍需工場並みに最初の大経営組織の特徴を示した、きわめて大がかりな兵士の被服用布地製造工場であった。モスクワのシチェゴリン紡績工場は、七三〇人の労働者を抱え、一三〇台の機械を備えた（一七二九年）。またカザニのミクリャーエフ紡績工場は七四二人の労働者を擁していた。[356]

こうして、この分野でも、近代の軍隊が資本主義へ導く教師として登場してきた。

紡績業についていえたことは、たしかに軍服の調達に関与した他のすべての業種にもあてはまる。奢侈《しゃし》産業でないかぎりでは、既製服製造への刺激も、この側面から出現した。

前述したように一六〇三年、イギリス政府は五〇〇〇着の被服調達の契約を結んだ。これは習慣的に年二回繰り返される契約であった。[357]調達を委された二人が、ロンドンの「商人――呉服屋」と記されていることが特記されよう。ロンドンで最も早い時期に資本主義的に経営された業種の一つは、実際に仕立業であった。そこで、奢侈産業（これについては拙著

『恋愛と贅沢と資本主義』で詳述しておいた）ではない資本主義的仕立業のこの部門が、軍需用の既製服業であったことは、証明済みとみなしてもよいであろう。

　陸軍とまったく同様に、海軍向けにも、すでに十七世紀、既製服が生産された。それが資本主義的基盤の上で行われたことは言うまでもない。一六五五年、いかなる仕立業も海軍委員会の許可なくしてイギリス艦艇に被服を供給できないなどと定められた[358]。

　十八世紀のドイツについては次のように記されている[359]。

「他の被服取引（すなわち高価な衣服の取引）とは、商人が師団長や連隊長と契約するさいに、彼らに、これこれの数の連隊および中隊に必要な被服を供給すべしと明記されている取引である」。

　縁なし帽製造業者のなかで、資本主義の大海でノアの方舟《はこぶね》に乗ってわれとわが身を救うことができたのは、ただ軍帽製造業者だけであった。たとえば十八世紀のイギリスの、多くの労働者、それも婦人、少女が就業した数少ない大企業がこれであった。

　ここでわたしが示した関係を個々の多くの例にもとづいて追究する仕事は、のちの人々の研究に委ねなければなるまい。

　ただ本章の末尾に及んで、どうしても一つの可能性だけは提示しておきたい。それはカルテルの理念――これは一定の統一価格に関する協定と、自由な生産者の間の共同販売の申し合わせである――が、軍需品の生産にあたる産業の分野で、まず登場したことである。換言すれば、供給の一様性と、供給される商品の一様性が、この思想をほのめかしている。

実際にわたしの仮説の正しさの一種の証明が見受けられる。すなわち一七四〇年、ランゲドックの軍の御用商人が結集して、フランス国王に対して次のように申し込んだ。それは、彼らとしては国王の軍隊に対しては今後、一定価格で布地を倉庫に納入したい、また彼ら同士では一切競争をしたくないという内容だ。

「彼らは国王に、まずモンペリエ市に物品を納入する倉庫を陸軍省秘書官の命令により建設し、そこにラシャ、セル、それにフランス陸軍の被服に必要な他の材料を、協定価格で納入するか、あるいはやはり協定価格で直接軍に引き渡すことを提案した(360)」。

第六章　造　船

1　造船の経済生活に対する意味

「造船はすべての産業のなかで最大である[361]」と述べたとき、コルベールはおのれの発言の真意を悟っていた。このさい問題になるのは、造船所における船舶の建造ばかりでなく、造船材料を生産する多くの産業、それに造船材料の面倒を見る多くの商業分野がある。

造船が経済生活に及ぼす影響は何か？

ことさら説明を要しないであろうが、①造船が多量になればなるほど、②巨船が建造されればされるほど、影響がそれだけますます大きくなることだ。

造船量が巨大であれば、その影響が大きいことは言うまでもない。隻数が同じでも、巨船がつくられればつくられるほど、より一層建造材料の全体需要が増し、また必要とされる労働力も一層増してくるなどの事情があるからである。しかし造船の規模はそれだけをとっても重要である。巨船は生きた労働力の集中ならびに造船設備と材料需要の急増をひき起こす。そもそも巨船をつくろうというからには、造船所は一層巨大でなければならない。巨船をつくるさいに求められる木材、索具、鉄などの量も膨大となる。いわゆる「結集された」商品である造船は、巨大な需要の総合体をつくりあげるからである。

造船の巨大化の影響はさらに造船活動の組織的結集によって増大する。このために経済生活に及ぼす造船の影響は次のような事態が起これば、一層大きくなるといえる。

③造船が一層総合的、集中的になり、さらに密度が濃くなった場合である。もし一〇〇隻の船を一つの造船所で建造するとなると、一〇〇隻の船を一〇ヵ所の造船所で建造するよりも一層巨大かつ総合的な需要が発生する。

④最後に想起せねばならないのは、造船が迅速に行われれば行われるほど、それだけますます造船に影響される領域が広くなることである（当然、他の任意のあらゆる産業についても同一のことが言える）。

たとえば、いま一〇〇人の労働者が造船所に集結したとすると、一定の大きさの船は——たとえば——一年で完成する。だからこの船を三ヵ月で進水させるとなると、同時に能率のよい労働者をそれに応じて増やさなくてはならない。同じことが造船材料の調達についてもあてはまる。

なぜ、こうした関連で造船一般を論ずるかを説明するためにも、この考慮が必要であった。たとえば次のような反論が打ち出されよう。たしかに造船は近代資本主義の発生にとって大きな意味をもっていたであろう（もっともこの一般的な方式による命題がまとめられたことはけっしてなかった。経済史家には近代資本主義の端緒を見出そうとするとき、はじめにただ、繊維産業のみありきとしか考えなかった)。しかし、このたしかに確実な事実が、戦争と資本主義という主題といったいどんな関係があるのか？　そもそも造船はその存在を商業に負うている市民産業と同様のもの、いや、市民産業そのものではないのか？　造船と軍需にとってもつ意味をどうしてことさらに持ち出すのか？　こうした反論には、わたしは次のような主張をかかげて対抗することにする。すなわち、実際に造船の発展にとって軍事的関心は決定的に重要であった。おそらく軍事的関心に強制されたほど商業上の関心が短期間に造船を発展させたことは、おそらくなかったであろう。

このわたしの主張の正しさを証明するためには、すでに試みたように、造船の規模を拘束しているさまざまな状況を記述する必要があった。そこでわたしは軍事的関心が、①造船量、②船舶の大きさ、③造船の促進、④造船技術の集中に、本質的な影響を及ぼしたことを明らかにしようと思う。

2　船舶の量

今日でも軍事大国の艦隊は、全船舶保有量のかなりの部分を占めている。一九一二年一月一日現在のドイツの全海洋航行船(帆船と汽船)は、登録総トン数で四七一万一九九八トン、正味三〇二万七二五トンとなっている。他方ドイツ帝国海軍の艦艇は、一九一二年四月一日現在で、排水量八九万二七一〇トンである。ハンブルクの商船は一九一一年、合計一六八万七九四五登録トン（正味）ある一二五二隻の船舶からなる。ハンブルクの全汽船は一二三万四〇〇〇馬力をもつ機関を備えている。

ドイツ帝国全体の艦船は合計一五一万五三四〇馬力を出す蒸気機関をそなえている。したがって、すぐわかるように、これはまさにかなりの数字である。しかし造船がはじめて発展し始めた数世紀前においても、軍艦と商船との関係は、確実に前者が後者を凌駕していった。いかに迅速に軍艦がその量を増やしていったかを、わたしは他の箇所で示しておいた。しかしこの拡大の意義は、軍艦の勢力を同時期における商船の数やトン数と比べたとき、はじめて推量することができる。

残念ながら初期の商船隊については信頼すべき資料はわずかしか知られていない。

十六世紀については、イギリス商船隊の勢力を測るためには、次のような足がかりがある。一六〇一年に出版された『商業論』のなかでウィーラーは、六十年以前には（イギリス艦隊を除いて）テムズ川の港には一二〇トン以上の船舶は四隻しかなかったと述べている。この判断の正しさは、他の陳述でも確認されている。一五四四〜四五年から一五五三年にいたる期間に出航した船で一〇〇トン以上のものは次のとおりである。

ロンドン所属	一七隻	二三五〇トン
ブリストル所属	一三隻	二三八〇トン
他の港湾所属	五隻	

ところで一五七七年、次の表が示されている。

一〇〇トンおよびそれ以上のトン数をもつ一一四隻の商船があり、隻数とトン数を見ると、

五六隻	一〇〇トン
一一隻	一一〇トン
二〇隻	一二〇トン
七隻	一三〇トン
一五隻	一四〇トン
五隻	一五〇トン
六五六隻	四〇トンと一〇〇トンの間

一五八二年には一〇〇トン以上の商船は一七七隻である。

しかし、ヘンリー八世の軍艦は、彼の治世当初から、前述したように八四六〇トン、そして治世のおわりには一万五五〇トンに達した。エリザベス女王は一万四〇六〇トンの軍艦をのこした。

十七世紀のイギリスについては次のような見積もりが知られている。

一六二八年、テムズ川のイギリス商船隊の構成を見ると、

七隻のインド向け商船、四二〇〇トン。
三四隻の他の商船、七八五〇トン。
二二隻のニューキャッスルの石炭運搬船。

一六二九年、イギリス全土で一〇〇トン以上の船舶は三五〇隻あったとされる。したがってトン数は合計三万五〇〇〇～四万トンになる。

一六四二年、東インド会社は一万五〇〇〇トンに達する船舶を保有していた[360]。

一六五一年、グラスゴーの商人は、合計九五七トン分の船倉のある一二隻の船舶を保有していた。

一六九二年、レイス港には合計一七〇二トンの積載量のある船二九隻が属していた[363]。

この期間に上述の資料によればイギリス海軍の艦艇は、少なくとも一万五〇〇〇トンから二万トンを保有していた（一六一八年、一万五六七〇トン。一六二四年、一万九三三九トン。しかし一六六〇年には、早くも六万五五九四トン）。

フランスの商船は、公式の調査[364]によれば、一六六四年には二三六八隻あった。前にかかげた船舶の大きさの表によれば合計約一八万トンと計算される。他方フランスの軍艦は、一六六一年にはやっと三〇隻だが、コルベール死去のさいには、前述したように二四四隻に達しており、その合計トン数は確実に八万トンから一〇万トンと計算される。

十八世紀については、一七五四年の見積もりがある[365]。それによるとイギリスの商船は約二〇〇〇隻の外洋航海船をもち、その合計トン数は一七万トンである。他方沿岸航海船は約二一〇〇〇隻、合計トン数は一五万トンである。したがって両者を合わせると、船舶数約四〇〇〇隻、合計トン数約三二万トンということになる。

この数字をポストルスウェイトのようなすぐれた有識者が、当時正しいとみなしていた。[366]これらの数字がおおよそ実情と一致していたことは、ロンドンだけに所属する船舶のよく知られた正確な数字からも推量できる（税関の一般記録にもとづく）。一七三二年において、その船舶数は一四一七隻、そのトン数は合計一七万八五五七トンとなっている。

十八世紀には航海に関する統計がずっと正確になり始めた。これにより船舶の大きさについても、いくらか解明されるだろう。

ところであの時代には、たとえばイギリスの港湾に入ってくる船舶は、一年に一、二回の航海をしていると考えねばなるまい。片道だけの航海を二回すると、それは一回、往復の航海をしたことになる。[367]しかし、一七〇七年、一七四三年、一七四九年の平均をとると、イギリスの全港湾に合計八万六〇九四トンの外国船が入ってきていた。[368]たとえば、イギリス南部の港から合計四万七二五七トンの船舶が西インド諸島に向かった（一七八六～八七年）。またロンドンからは合計六万一六九五トンの二一八隻の船舶が、イギリス北部の港からは合計一万五六二九トンの船舶一七隻が、やはり同地に向かった。一七八六～八七年の間に、アメリカ合衆国に到着した船舶は五〇九隻で合計三万五五四六トンだが、他方同じ期間、同国を出航した船舶は三七三隻で合計三万六一四五トンであった[369]（ここで比較してみよう。一九一〇年に入港した船舶トン数はホルテナウには四万九二二一登録トン、ノビスクルックには二万九〇九三登録トン、パーペンブルクには三万八八三二登録トンとなっている。これに対し、シュトルプミュンデ港には七万五三三六登録トン、シュトルツェンハーゲン港〈クラッツヴィーク〉にはなんと二五万三二四二登録トンとなっている。一九一〇年にドイツ帝国の全港湾に入った船舶は一一万一七九七隻であった）。

あの頃（一七四九年）、イギリスの全商船が三二万トンあったとき、軍艦の積載量は、二二万八二一五トンであり、すべての外洋航行船の合計より大きかった。軍艦は全商船の三分の二になった。

この数字から見ると、十六世紀の中頃から十八世紀の中頃にいたる二百年間、すなわち資本主義の発展の決定的な時期に、イギリスの商船は軍艦と比較して、ゆっくり発達していったような印象が与えられる。チューダー朝の時代には、商船の勢力のほうが軍艦の勢力よりも大きかったが、十八世紀の中頃には、商船の積載トン数は、軍艦のそれに凌駕されるありさまになった。国民の精力はこの期間に、ほとんど、もっぱらといっていいほど、軍艦の発展に利用された。艦隊を繁栄させるために、あらゆる手段が用いられた。しかしイギリスについてあてはまることは、（おそらく、これ以上に）他のすべての国々についてもあてはまるであろう。

軍事的関心は、商船と海洋軍艦の間の勢力の割合の変化に表されるよりも、ずっと強力であった。とりわけ有識者が、商船そのものの増大も、やはり大部分が軍備拡大のおかげであったと見たことはたしかだ。明らかに商船を高価なチャーター料と引き換えに政府に提供できるという見込みが影響を与えた。さらに政府がとりわけ軍事的な理由から巨船建造に定めた報酬のほうが、商業上の利益を得る見込みよりも、造船業者に魅力的に思われた。

何度も繰り返し観察されているのは、まず、利益獲得のための努力、営利をめざす経営は、昔風の経済生活の内部ではダイナミックな作用をまったく引き起こさなかったこと、また、往時の人間をより強力な活動に向かわすためには、通常の商業や生産上の利益よりも、ずっと身近で、とっつきやすい利益を提示してやらねばならなかったことである。人々は黄金を探すために、敵船の掌捕のために、報酬を得るために、チャーター料を入手するために造船する。わたしがここで一般的に言ったことを目下の事例に適用すると、人々はロシアや中東との貿易を振興するより、こうした目前の利益獲得のために造船にはげむことになる。

実業の世界では形式主義が支配し、すべてが旧来の道を歩んでゆく。この面で本質的な革新を導入するためには、いち早く強力な刺激が出現しなければならない。ところが商業的関心よりも強力な軍事的関心が、造船のためにそうした刺激を与えてくれた。この印象は現代の造船の型式をめぐる動きを追究すれば確証されるだろう。

3　船舶の大きさ

われわれはすでに十六および十七世紀における商船の大きさの観念を獲得した。この状況をはっきり見定めるために、ここにいくらかの数字をかかげてみよう。

前述の一六六四年におけるフランス商船に関する公式統計のなかで、二三六八隻の船はトン数別に次のように区分される。

一〇～三〇トン	一〇六三隻
三〇～四〇トン	三四五隻
四〇～六〇トン	三二〇隻
六〇～八〇トン	一七八隻
八〇～一〇〇トン	一三三隻
一〇〇～一二〇トン	一〇二隻
一二〇～一五〇トン	七二隻
一五〇～二〇〇トン	七〇隻
二〇〇～二五〇トン	三九隻
二五〇～三〇〇トン	二七隻
三〇〇～四〇〇トン	一九隻
合計	二三六八隻

十七世紀にハンブルク港を出航した船舶は、平均一七～一八ラスト（一ラストは二ト

ン」の大きさである。たとえば、一六二五年には一七・四五二一ラストであった。この年の最大の船はヴェネチアに向かって出帆したが、その積載量は二〇〇ラスト（したがって四〇〇トン）であった。一六一六年には一五〇ラスト、一六一五年には一三〇ラスト、それに一六一七年には一二〇ラストの船がいた。[370]

ウィリアム・モンソン卿『海軍手引』二九四頁によると、イギリスでは、エリザベス女王の死去のさい（したがって十七世紀のはじめ）、それぞれ四〇〇トンの積載力のある商船は四隻もなかった。[371] これが実情であったろう。この世紀の中頃では、東インド会社の船（すなわち同国では最大の船）が、やっと三〇〇～六〇〇トンの積載力をもつにすぎなかったからである。[372]

オランダ東インド会社は、十七世紀の末期、平均三〇〇ラストの船を利用した。[373]

フランス東インド会社の最初の船隊は、それぞれ三〇〇トンの船三隻と、一二〇トンの船一隻からなっている。ところが第二の船隊は、それぞれ五〇〇～六〇〇トンの船二隻、それぞれ三〇〇トンの船二隻、二五〇トンの船一隻、二〇〇トンの船一隻、それぞれ六〇〇～八〇〇トンの船四隻からなっていた。一六六二年には、七〇〇トンの船一隻、八〇〇トンの船一隻が判明した。[374]

船の大きさは、十八世紀になっても変わらなかった。大型の東インド向けの船が三〇〇～五〇〇トン、ヨーロッパ域内の船なら一〇〇～三〇〇トンというところであった。

たとえば、一七三二年にロンドンに所属していた前述の一四一七隻について見ると、三〇〇〜五〇〇トンの間は一三〇隻、二〇〇〜三〇〇トンの間は八三隻となっている。他の船は小型船である。また南海会社の有名な船は、七五〇トンであった。

一七三七年、リヴァプールには三〇トンを越す二二一隻の船が所属していた(375)。その内訳を見ると、

四〇〇トン	一隻	二五〇トン	一隻
三五〇トン	一隻	二四〇トン	二隻
三〇〇トン	一隻	二〇〇トン	二隻
一九〇トン	二隻	一三〇トン	五隻
一八〇トン	四隻	一二〇トン	一三隻
一六〇トン	七隻	一一〇トン	六隻
一五〇トン	一五隻	一〇〇トン	一六隻
一四〇トン	一〇隻	三〇〜九〇トン	一三五隻

一七四九年、イギリスの港に入ってきた外国船の数と大きさとは次表のとおりである(＝以下は各船平均)。

オランダ	六二隻	六二八二トン＝一〇〇トン
デンマーク	二九二隻	四万七三八二トン＝一六〇トン
スウェーデン	七一隻	八四〇〇トン＝一二〇トン
ハンブルク	四〇隻	六七六四トン＝一七〇トン
フランス	二四隻	一二八九トン＝　五〇トン
プロイセン	二六隻	三四二〇トン＝一三〇トン
ダンツィヒ	一六隻	二七四八トン＝一七〇トン
ポルトガル	二六隻	二一〇〇トン＝　八〇トン
ブレーメン	一六隻	一九七五トン＝一二五トン
ロシア	五隻	四四〇トン＝　九〇トン
スペイン	一六隻	九四〇トン＝　六〇トン
合計	五九四隻	八万一七四〇トン＝約一四〇トン

最大の船はデンマーク船の五一〇トン、最少の船はフランス船――明らかにカレーからドーヴァーに向かう小舟――の四トン（積載量）である。しかしブレーメンからも三五トンの船、ダンツィヒからも四四トンの船などがやってきた。[376]

十八世紀の終わりには、通常のオランダ商船は一八〇～一九〇ラストであった。背材は一一五フィート、船首材・船尾材はいずれも一四〇フィート、幅は三四フィートの大きさであったという[377]。

ギニア貿易会社、バルト海貿易会社、それにグリーンランド貿易会社を合体して一七八一年につくられた、デンマーク王立バルト海・ギニア貿易会社の財産目録のなかに三七隻の船があった[378]。そのうち、商業ラスト（二八〇〇キログラム）で表された積載量は、次のとおりである。

五〇〜六〇ラスト	一〇隻
六一〜一〇〇ラスト	二隻
一〇一〜一五〇ラスト	二一隻
一五一〜一六二・五ラスト	四隻
合計	三七隻

これらの数字を軍艦に関する数字とならべてみると、軍艦が商船とくらべずっと大きいこと、とくに大型船は、商船よりも軍艦において、ずっとひんぱんに見受けられることがすぐにわかる。

すでに十五世紀において、イギリスの軍艦（タワー型軍艦と呼ばれる）で一〇〇〇トンのものが登場した。オッペンハイムがヘンリー七世時代についてまとめた一覧表には、五〇〇

〜一〇〇〇トンの艦が九隻出ている。

一五四八年一月五日（エドワード六世治世一年）のイギリス海軍艦艇表には次のようにその大きさが示されている。

五〇〇〜一〇〇〇トン	六隻
三〇〇〜四五〇トン	一一隻
一〇〇〜二五〇トン	一二隻
一〇〇トン以下	二四隻

一五八八年にイギリス艦隊を形成する艦艇を調べた結果判明した、軍艦と商船の大きさのちがいは明白である。[379] スペイン無敵艦隊に勝った艦隊は、三四隻の軍艦と一六三隻の商船から成っていた。三四隻の軍艦は次の大きさを示している。

一隻	一一〇〇トン
一隻	一〇〇〇トン
一隻	九〇〇トン
二隻	各八〇〇トン
二隻	各六〇〇トン

五隻　　各五〇〇トン
　以上一二隻が五〇〇トン以上
三隻　　各四〇〇トン
五隻　　各二〇〇〜三六〇トンの間
　以上二〇隻が二〇〇トン以上

これに対し商船の場合は四〇〇トンを超える船は一隻もない。

二隻　　各四〇〇トン
四隻　　各三〇〇トン
二四隻　各二〇〇〜二五〇トンの間
　以上三〇隻が二〇〇トン以上
一三〇隻　各二〇〇トン以下

十七世紀には軍艦が急速に巨大になった。有名な軍艦のうち二隻は、次のような規模だ。[380]

　ローヤル・プリンス号（一六一〇年）
竜骨の長さ　　一一五フィート

吃水　一八フィート
総積載量　一一八七トン
砲数　五五門
乗員数　五五〇人

ソブリン・オブ・ザ・シー号（一六三七年）
竜骨の長さ　一二七フィート
吃水　一九・四フィート
総積載量　一六八三トン
砲数　一〇〇門
乗員数　五〇〇人

参考のために一六六六年、一〇〇門の砲をもつ一隻のフランス軍艦の規模をここに記しておく。(381)

竜骨の長さ　一三五フィート
船背材から船尾材まで　一六〇フィート
幅　四二フィート

竜骨の高さ　一九フィート
竜骨の最下甲板まで　一三フィート
両甲板の間の高さ　七フィート
第二甲板の高さ　七フィート
船縁の高さ　二フィート
前部と後部の将軍の居室の高さ　七・五フィート
甲板船室の高さ　六フィート
その下方にある船室の高さ　四フィート

十七世紀で一〇〇〇トンクラスの軍艦があたりまえだったというのが、実情らしい。一六八八年にも、同様の軍艦がイギリス艦隊にはすでに四一隻あり、そのうちの最大の軍艦は、一七三九トンに達していた。これらの巨艦の乗員数は四〇〇人から八〇〇人の間、そして砲数は七〇門から八〇門の間となっている[382]。

重要なのは、巨大軍艦が、船舶の大きさに関して慣れ親しんできた従来のすべての観念を改めさせ、船のあるべき姿、模範像をつくりあげたことである。スコットランドのジェイムズ四世が一五一一年、「マイケル」号を、それに翌年ヘンリー八世が「リージェント」号をそれぞれ進水させたとき、だれもが呆然とした。とくに「マイケル」号が与えた印象についての当時の正確な記録があり、そのなかで「マイケル号と呼ばれるまったく途方もない巨船」と記されている。この「怪物」についてピットスコッチー在住のリンゼイなる人物は次のように記している[383]。

「スコットランド国王は、これまでイギリスあるいはフランスで航海した船のうち最大、最強の『大マイケル』号と呼ばれる巨艦を進水させた。この船は、構造が大きく、膨大な量の木材を用いたため、ファイフの森で生い繁ったすべての材木やノルウェーから輸入した木材も使い果たした。この船は、きわめて強力で、その長さや幅もたいしたものである（スコットランドのすべての船大工、いやそればかりか多くの外国人労働者がこの船の建造に取り組んだ。彼らは国王の命により、懸命に働いた、等々）」。

だが、これだけで経済生活への軍事的関心の影響がつきるわけではない。軍事的関心はそのまま商船の増加を抑制するとともに、とくに艦船のタイプの大型化に作用した。常に次のことを念頭に置かなくてはならない。それは在来の生産方式ならびに取引方式の変更は、初期資本主義時代においても、経済人からは、ほとんどの場合、わずらわしいと感ぜられ、このため、できるだけ回避すべく努力されてきたことである。

競争という鞭は、まだ彼らの頭上で振り動かされていなかった。改良への強制は、したがって存在しなかった。それはひたすら利益追求の努力からのみ生じてくる。しかし、わたしが以前にすでに述べたように、これはきわめてひんぱんに人工的手段によってめざめさせられるか、促進されなければならなかった。こうした人工的手段とは報酬である。だが造船に対し与えられた報酬の目的は、とくに巨船、それも軍艦にいとも簡単に転用できる大型船が建造できる造船所建設のきっかけをつくることであった。

一五二二年、ブリストルで「アントニー」号の建造に、一トン当たり五ポンドの報酬が与えられた。それは、この船が四〇〇トンもあり、場合によっては軍艦として用いられるのに適していたからである。「戦時にあっては、軍に奉仕できる」とされた。その後、軍事的関心の下に、すべての海洋航海民族において造船に関して報酬政策が促進される運びとなった。したがって、大型船型の発展史において、資本主義的関心よりも、むしろ軍事的関心が、圧倒的に効果のある推進力となったと推定することにはたしかな根拠があるのだ。

4　造船のテンポ

中世の生活、とりわけ経済生活では、「促進」の観念は縁遠かった。一つの過程を、一層迅速に展開することにそもそも価値がおかれる分野、すなわち、より速いことがより良いことを意味する分野は存在しなかった。おそらく、促進への衝動は、経済そのものの分野でも、けっしてめざめなかったであろう。こうした衝動は、外部からの刺激によってはじめて活性化するようになった。すでに数多くの事例によって確認されているように、それは軍事的関心から発生した。

このことは、再び造船の発達について、適確にあてはまるだろう。海軍側の要求が活発になるまで、造船はのんびりと成長し、安楽で伝統的な日常性のなかに安住していた。数十年、いや数年のうちに自社の商船の数量を二倍にすることなど、中世的な船主の感覚からすれば、まったくの誇大妄想であったろう。そもそもなんのために？　こんなことはまったく無意味ではないか？　いったいどこから二倍の量の貨物を運んでくるのか？　これに反し軍事的関心は、敵を先制攻撃するために、つねに戦力の増大とその迅速な進展を求めていた。

軍艦建造が主たる任務となって以来、造船がいかに迅速に、飛躍的に発展したかを認識するためには、軍艦の勢力の増大が示す数字を示すだけで十分であろう。わたしはすでにこのことを伝えてきたし、また読者諸氏の注意をうながしてきた。実情を一層はっきりさせるために、ここであの時期には明白に前代未聞と思われた生産テンポで行われた造船の歴史からとり出した注目すべき数例をあげておこう。

一一七二年、ヴェネチアでは、ヴィタル・ミケレス総督の下で、一〇〇隻のガレー船と二〇隻の巨船が百日のうちに建造されたという[384]。これは当然たわごとであり、年代記作者の空想の所産である。実際には一〇隻のガレー船と二隻の巨船がつくられただけであろう。

だがこのいい伝えが教えてくれるのは、まずヴェネチアの政府が、きわめて短期間に大量の船をつくらせたこと、それに同時代者がこの異常な行動を見てびっくりしたことだ。

またこの時期より以前、あるいはやや後の時代に、その数字の大きさからしてわれわれを当惑させるようなジェノヴァの軍艦建造に関する信頼すべき報告がある[385]。ジェノヴァ共和国の造船に関して知られているのは、次のとおりだ。

一一七一年　八隻の錨船と八隻のガレー船
一二〇四年　八隻のガレー船
一二〇五年　八隻のガレー船
一二〇六年　八隻のガレー船
一二〇七年　二二隻のガレー船と四隻のタリード船、それにサヴォナとノリでガレー船それぞれ一隻
一二一六年　一〇隻のガレー船
一二四一年　五二隻のガレー船とタリード船
一二四二年　四〇隻のガレー船
一二八二年　ジェノヴァは一二隻のガレー船しか所有していなかったが、この年にこれに加えて五〇隻のガレー船がつくられた

このように猛烈な要求を、十六世紀には北方の巨大な海軍国イギリスすら打ち出さなかった。こうした要求は巨大すぎたのだ。

イギリスでは、軍艦の建造（委任された分）は一五五四年が二九隻、一五五五〜五六年が八三隻、一五五七年が二四隻となっている。なお一五五七年の十二月には、八隻が別に追加された。しかし造船のテンポは一層はげしくなった。これについての証拠を、教えられるところの多い次の一覧表が述べている。[386]

一五五八年より一六〇二年までの四十四年間に委託造船された軍艦隻数は、次のとおりである。

	（一五五九〜八〇年）	（一五八一〜一六〇二年）
六〇〇トンをこえたもの	二隻	二八隻
四〇〇〜六〇〇トン	一七隻	一〇〇隻
二〇〇〜四〇〇トン	四二隻	七三隻
一〇〇〜二〇〇トン	三八隻	五五隻
五〇〜一〇〇トン	三九隻	四〇隻
五〇トン以下のもの	四隻	六六隻
合計	一四二隻	三六二隻

この数字からわかるのは、第一に、この表中の後半期には、同じ期間であるにもかかわらず、前半期より二倍半の造船が行われたこと、第二に、後半期の艦船は、前半期のそれよりも大型なことである。

そして第三に、造船量が後半期には前半期の三倍以上になったことである。ここで個々の船型を、それぞれのクラスの平均値とみなすならば、前半の二十二年間に約三万一〇〇〇トン、後半の二十二年間にはこれに対し約一〇万三〇〇〇トンの造船があったことになる。

いよいよ、すべての軍事的関心が増大した、十七世紀における大躍進が始まった（バロックの時代になったとも言えよう）。共和制時代にはイギリスで十一年間に二〇七隻が建造された。つまり毎年、二〇隻前後が造船されていたことになる。一六九〇〜九五年のあいだの五年間に、イギリスでは四五隻の造船のために一〇一万一五七六ポンド八シリング一一ペンスの経費が認められた[387]。

コルベール時代に、フランスの軍艦が増大したテンポは、まさに衝撃的である。前述したように、コルベール治世のはじめの年（一六六一年）には三〇隻の軍艦があった。ところがその後二十年たらずのうちに、彼は二三三隻をつくらせた。しかもこれらの艦船のほとんどが巨艦であった。年間平均では一〇〜一二隻の軍艦が進水したことになる。

5　造艦の組織

これまでわれわれは、商品の生産はきわめて異なった性格を備えており、それぞれの経済状況が支配する時期に応じて、さまざまな要求を打ち出してきたことを知った。手工業者でも時間さえ許せば、中世において大聖堂も建てることができた。

しかし、もし彼らに一定の期間内にこれを仕上げよと望んだならば、彼らの力ではとうていできなかったであろう。手工業者でも、いざという場合には、短期間に少量の生産物を提供できた。要求された生産量が増えると、やはり彼らの能力を上まわることになった。そもそも、一定の大きさに統一された商品の生産に取り組む段になると、手工業者はすぐに消耗してしまうのだ。

造船は、軍事的関心に促され、あわせて三つの方向に発展していった。より多くの船、より大きな船、そしてとりわけより短期の完成が求められた。数世紀間、商船の需要なら手工業的な造船所でも、これを満足させる仕事ができた。ところが、軍艦の急増する需要によって、手工業は造船には不適格となった。このことは、最初は軍艦そのものの建造にあてはまった。だがその後、商船も発展してゆくにつれ軍艦と同じ状況になり、商船の建造でも手工業では無理となった。

造船の経済史は、この事実をきちんと記さないかぎり欠陥があることはいうまでもないが、資料を研究すると、おのずと次のような像が浮かんでくる。

普通すべての港湾都市で一様に発達した手工業的な造船工場は、軍事的関心の圧力の下に、はじめはまったく資本主義的ではなく、古い造船業の共同経済的、国家的な組織の下におかれるようになった。この組織は資本主義に巻き込まれる以前では、かなり大がかりな経営形式をとり入れていた。

すでに、イタリアの海洋航海国家のなかで、早い時期から大がかりな国営造船が発達した。とりわけ十四世紀のヴェネチアの造船については、これまで残されてきた全生産過程についての同時代者の詳細な報告がかなり多くのことを伝えている。[388] その報告者は、長さ一二六フィートのガレー船の建造にあたって（もちろん軍艦のみが問題となっていた）、必要な人員を次のように述べている。

ガレー船で必要な鋸の作業をする工員　五〇〇人
船大工　一〇〇〇人
船の修理工　一三〇〇人（修理の他、船体に瀝青《チャン》をぬる作業のため）

ここではもちろん労働力が考えられているわけではない。われわれはむしろこの報告者の意をくんで、この数字は必要な労働日を意味していると受けとらねばなるまい。それでも依然として、このための労働量が途方もない大きさとなってくるであろう。次のような計算をせねばなるまい。

まずガレー船四〇隻が一年後につくられるとする（十二および十三世紀にジェノヴァにおける造船数が示す正確な表示によれば、これはけっして多すぎることはない）。前掲の文章に従えば、ガレー船一隻について二八人の労働者が作業することになる。したがって造船所では一二〇人の修理工、木挽《こびき》、それに大工が造船の作業を行っていた。すでに就役している六〇隻のガレー船のうち四分の一は、多少改良される。三〇隻は軽い修理がほどこされる。こうしたことには、一〇〇〇人の労働者が取り組むことがたしかめられている。さらに登場するのは索鋼作り人、縫帆員、檣《ほばしら》作り人、金具工、鍛冶工などであるが、そのうちの大多数は、やはり国営造船所で働いていた。もし、この造船所にこれらの労働者と同数の指物師《さしもの》が働いていたとすれば、全労働者数は二〇〇〇人から三〇〇〇人に達したであろう。前述したように、中世の状況からすれば、まさに驚異的数字である。

しかし、おそらく、ここで実際にはじめてヨーロッパの人々が、手工業の孤立状態を脱却して、共同の仕事のために結集した最初の大型、いや巨大な経営が出現したのであろう。たとえここに二〇〇〇人から三〇〇〇人ではなく、ただ、二〇〇人から三〇〇人の労働者が結集したのであったとしても（このような早い時代に！）、労働の歴史（ヨーロッパ中世から始まると考えた場合）のなかにおける造船の画期的意味を認めねばなるまい。

十六世紀において、ヴェネチアの造船所がかなりの大企業であったことは、確実な資料によって知られている。しかし十五世紀、十四世紀どころか、もっと以前にもこれが現在のドイツのキール造船所なみの規模であったと知ったときほど驚かされることはない。十六世紀のヴェネチア共和国の造船所あるいは「兵器庫」の状態について、アンドレアス・リフは、その『旅行記』のなかで次のように述べている[389]。

索倉庫

「索具をおさめてある兵器庫内の倉庫は、とてつもなく大きい。奥行が深いので、馬がそのなかを走りまわれるほどだ。この建物では多数の人々が働いている。また、麻や亜麻が大量に貯蔵されている」。

帆倉庫

「ここでは、女たちが帆布を縫っている。大広間にはありとあらゆる種類の帆が貯蔵されており、さらに多量の綿布、帆布がある」。

鍛冶工

「建物内には八室、そのなかで連日、各種各様の必要な金具がつくられている」。

イギリスでも、早くから王室が自ら造船に関心を寄せ、早くも十三世紀、国営造船所があったことを示す一連の証拠がある。

一二二五年、サウサンプトンの代官は、ポーツマスにいる王の「巨艦」のために索具を購入、あるいは早期の製造を指示し、それと同時に良質の三本の錨索ならびに帆の改良のため、四ダースの「テルドラン」という布地、二〇〇エレの帆布を用意するよう命じた(390)。一二二六年、ポーチェスターの軍艦は、フライアー・トーマスに国王の船のためにボート三隻分の薪を用意するよう委託した。帆の布地を買い国王の船の甲板天幕を作製するためめに、二二・五マルクが彼に与えられた(391)。こうして彼に国王のための造船への協力が委ねられた。

十六世紀、軍艦が初めて本格的に発達したとき、王室の造船活動は迅速に大がかりになった（武器と並んで）。造船用の材料が貯えられている海軍の兵器庫が、ウールウィッチ（一五一二年）、デプトフォード（一五一七年）、エリス（一五一三年、ただし過渡的）につくられた。それまでは、ただポーツマスにのみ、兵器庫と造船所があった。

イギリスの王室は、はじめは完全に自前の造船所を建てた。この事実は明らかに「ヘンリー・グレース・アデュー」号の建造の過程にうかがわれる。この豪華船は、ポーツマスで造船台の上に置かれた。作業に従事した労働者と手工業者は、近郷近在から募集された(392)。彼らの一部は自宅から通勤し、また他の者はポーツマスに下宿したが、同地で食事が支給された。時には、（例外的に）衣服を支給された者もあった。一四一人の船大工が衣服の面倒を見てもらったことが知られている。この数字は、造船所の規模を知る上で手がかりとなるだろう。

国家は、船の改良も自前で行った。ここにきわめて興味深い記録文書がある(393)。それはヘンリー八世治世第六年の十一月二日から四月二十日までの伝票で、それには国王の委員がポンド単位で手工業者から材料を買った金額や、船の修理のために船大工らの食費や給与に支払った金額が記されている。

造船所のトップに立っていたのは、ヘンリー八世以来、イギリス艦隊の造船主任でもある造船所長である。「ロイヤル・ネーヴィーの造船工の親方」が正式な称号で、最初にこの役職に就いたのは、ウィリアム・ボンドという人物である(394)。

この王立造船所長は、その後、時がたつとともに、イギリスでよく見られたように、自分で造船に取り組んだ一種の私企業家となった。一五七八年のホーキンズ登場以来、契約造船が始まった[395]（正確な年代は、イギリス海軍史執筆のさいの多大な編集努力にもかかわらず、まだはっきりつかめていない）。ところでこの契約造船とは、王室が造船所長に、材料を供給するか、あるいは王室財産でそれを彼に買わせるという方式であったが、いざ実施となると、彼にトン当たりいくらの統一価格で仕事を委託する、という方式になった。たとえばジェイムズ一世の治下ではトン当たり七ポンド一〇シリング八ペンスであった。

次のような名が勘定のなかに記されている（一五八八年[396]）。

国王陛下の船大工ピーター・ペットには、チャタムにある陛下の艦船用の六フィートのオーク材、八駄に対し、一駄三〇シリングの割合で支払う。

デプトフォード・ストランドのリチャード・チャプマンには、彼が用意した二個の錨の代金を支払う。

ロンドンのヘンリー・ホールズウォースには、一四枚の旗などに対し支払う。

その他、九個の羅針盤、新しい白地、繊細な麻製の三対《つい》の新品ネクタイ、（ロンドンの経師《きょうじ》屋製作の）二個の絹製艦旗、四六本の新しいボートの吹き流し（同人製作）、一〇二ヤード分の船旗用キャラコ、一二七枚のミルダーネックス製帆布（これは種々の帆に用いられる）、一二本の種々の寸法の太索（ロンドンの商人から調達する）、一四本の各種寸法のマスト。

造船所はもちろん大企業であった。十六世紀、エリザベス女王の即位にさいし、次のように操業されていたことが知られている。(397)

デプトフォード	五隻	二二八人
ウールウィッチ	八隻	一二五人
ポーツマス	九隻	一五四人

イギリスとまったく同様に、フランスでも軍艦の建造が組織化された。造船所、あるいは個々の造船工場は、フランスでは、造船長と呼ばれている造船主任によって統括された。彼らもやはり造船を企業化したもようで、その様子は次のようだと推量される。(398)

「企業家には造船だけでなくなんらの懸念もなく、外国の造船業を探求できる能力が是非必要である。……それに企業家は、造船に適した場所、木材、労働力の所在を知らねばならぬ。企業家にとって、これらの知識はけっして無駄にはならないだろう」。

この最後のくだりは、もちろん、自前で造船にたずさわる者にとって重要である。しかし同一の箇所で、さらに次のようにも言われている。造船企業家たちの競争を刺激するため、一隻をトゥーロン、他の一隻をブレストにそれぞれ注文する。「競争を通じ企業家たちによい船をつくらせるよう刺激するためだ」。

ともかく、フランスでも十七世紀の国営造船所は、大がかりな経営組織の形態を示した。リシュリューはブルアージュ、ルアーヴル、ブレストに国営造船所を建造させた。ブレストの事情について同時代者の伝えるところによれば、ここでは「全世界からきた」労働者、とりわけ鍛冶屋、錠前師、轆轤《ろくろ》職人、桶匠、指物師、彫刻家、画家、ブリキ細工師たちが、王立造船所長、「国王陛下の造船長」のシャルル・モリアン、それに卓越した技師長ローラン・ユバックの統制のとれた指導の下に働いていた(399)。

国有艦船の建造を統一価格で民間業者に行わせている場合には、すでに資本主義的原則が発生している。資本主義は軍艦建造によって、明らかに直接促進された。

しかし、王立造船所における経営はたとえ純粋な国営であり、その体制がつづいたとしても、造船業における資本主義の発達にとっては意味があった。とりわけ、この経営が往時の造船の手工業的制約の打破にとって模範となったことが、重要である。

しかし、民営の造船業も、その後、急速な軍艦建造によって、その組織内で影響を受け、したがって、資本主義の発達と大経営の方向に向かうよう駆り立てられた。時折、国の調達が多すぎて国営の造船所ではまかないきれなくなったとき、たとえば共和制時代のイギリスで、十一年間に二〇七隻の船を進水させねばならなくなったとき、国営造船所だけでは遂行できなくなった仕事の一部が民間に委託された[400]。そういうわけで、民営の造船業も軍艦の調達によって、拡大の道を歩むこととなった。

商船の建造に関しては、国家は民間の造船業者の活動を促進させるため、彼らに好条件で国営の兵器庫から材料を供給するという形で介入した。コルベールもこうした措置をとった。彼は王立倉庫に、十分な備蓄をもっていた。

「商人に調達し、通商航海の確立増大を刺激するためである」[401]。

資本主義の育成における、軍艦建造がもつ大きな意味は、造船が他の多くの産業から、必要な物資を提供してもらっている関係上、そうした産業に従属する多くの商業分野に与える影響を念頭に置いたときに、はじめて推量することができる。この関連については、次節で明らかにしようと思う。

6　造船材料の供給

つねにより大きな艦船を一層迅速に建造しようという軍艦発達の動きは、再び経済生活に革命的影響を与えたに違いない。それというのも、まず軍艦の建造は、ほとんどの場合、すみやかに調達せねばならない造船材料が増大する需要をつくり出したからである。それに、こうした需要は船の等級の拡大や造船組織の統一化によって、もっとうまく表現すれば、少数大企業への集中によって、ますます統一的な大量需要とならねばならなかった。

当然のことながら、（軍艦など）造船の拡大と造船材料の供給にたずさわる経済生活の各分野の発達との間の関係を、直接一般的に解明する方法はやはり存在しない。前者が後者に及ぼした影響は、まず造船のたえざる拡張のさいに生じた需要量を測定すべくつとめることによって、たしかなものとなろう。

この需要量は、まず軍艦の建造に必要とされた費用で表される。こうした金額のいずれも、造船所における労賃の表現でないかぎりは、造船材料の需要を意味している。

中型のイギリスの軍艦の価格は十六世紀には三〇〇〇～四〇〇〇ポンド、ジェイムズ一世治下には七〇〇〇～九〇〇〇ポンド、チャールズ一世治下には一万～一万二〇〇〇ポンド、十八世紀のはじめには一万五〇〇〇～二万ポンドであった。それは次に示すとおりである。

ザ・トライアンフ号（十六世紀）三七八八ポンド(402)

ジェイムズ一世治下、パイプ・オフィスの見積もりによると、(403)

ハッピー・エントランス号
コンスタント・リフォーメーション号｝各八八五〇ポンド

ヴィクトリー号
ガーランド号｝各七六四〇ポンド

マスト、帆桁、船内の彫像、絵画すべてを含む。

スウィフトシュアー号
ボナヴェンチュア号 ｝各九九六九ポンド
　この他、帆、錨、それに艤装具代金の一一六九ポンドが加算される。
セント・ジョージ号
セント・アンドリュー号 ｝各九六三二ポンド
　これに備品代、一三〇六ポンドが加算される。
トライアンフ号
メアリー・ローズ号 ｝各八一〇六ポンド

　チャールズ一世治下
チャールズ号
ヘンリエッタ・マリア号 ｝各一万八四九ポンド
ジェイムズ号
ユニコーン号 ｝各一万二六三二ポンド
　これに艤装、進水、装備、それに両船をそれぞれウールウィッチおよびデプトフォードからチャタムまで運ぶ費用四〇七六ポンドが加算される。

十八世紀初頭(404)

一〇〇門の砲をもつ艦一隻	三万五五三ポンド
九〇門の砲をもつ艦一隻	二万九八八六ポンド
八〇門の砲をもつ艦一隻	二万三六三八ポンド
七〇門の砲をもつ艦一隻	一万七七八五ポンド
六〇門の砲をもつ艦一隻	一万四一九七ポンド
五〇門の砲をもつ艦一隻	一万六〇六ポンド
四〇門の砲をもつ艦一隻	七五五八ポンド
三〇門の砲をもつ艦一隻	五八四六ポンド
二〇門の砲をもつ艦一隻	三七一〇ポンド

一七三四年には、艦隊は二〇九隻から成り、その建造には二五九万一三二七ポンドかかった。

一七四〇年、トゥーロンで建造されたフランスの軍艦「ジャソン」号は、五〇門の砲をそなえ、二八万七一四八リーブルの費用がかかった[405]。これは先の一覧表にある同時代の同じ大きさのイギリスの軍艦の費用とほとんど同じである。

国の誇りとなる豪華艦船をはじめ巨艦の代金はいずれも、かなり高価であった。たとえば十六世紀の有名な軍艦「ヘンリー・グラース・アデュー」号は、八七〇八ポンド五シリング三ペンスの費用がかかった。「ローヤル・プリンス」号（一六一〇年）の建造費は二万ポンドであった。さらにこの軍艦を就航させるために六〇〇〇ポンドが支出された。「ソヴリン・オブ・ザ・シー」号（一六三七年）には、四万八三三三ポンド八シリング一・五ペンスの経費がかかった[406]。

各種の等級の軍艦にそれぞれどれくらいの費用がかかったかについてのきわめてくわしい一覧表が、十八世紀のイギリス艦船についてできあがっている[407]。完全を期すために、そのなかのいくらかの数字をかかげておこう（一覧表のなかで扱われている最初の年と最後の年）。

建造ならびに完全艤装のための費用の見積もり。そのさい各クラスの艦船それぞれについて、マスト、帆桁、帆、索具、滑車製造それに他の船の備品、それに船大工の食料品なども、八ヵ月分だけ加算しておく。海軍省命令により確立された規程により、これは一七〇六年、一七一九年、一七三三年、それに一七四一年と順次増えている。

この一覧表は、状況の把握をいくらか前進させてくれる。それというのも、たしかに、区分はかなり粗雑ではあるが、この表のなかに全支出の使用方法がはっきりと記されているからである。

これらの数字は、その利用状況をくわしく追究し、個々の支出の目的をはっきりさせるとき、はじめてなんらかの意味をもつことになる。こうした個別化がはたしてできるかどうか

表6　等級別の軍艦にかかる費用

年	等級	砲数	費用		合計
			船体、マスト、帆桁	索具、滑車、食糧備蓄	
1706	1	100	31,994	6,587	38,581
	2	90	25,591	5,428	31,019
	3	80	20,528	4,590	25,118
		70	17,767	3,741	21,508
	4	60	18,024	3,199	21,223
		50	9,152	2,464	11,616
	5	40	5,310	1,863	7,173
	6	20	2,176	962	3,138
1741	1	100	33,110	8,050	41,160
	2	90	28,543	7,135	35,678
	3	80	23,920	6,256	30,176
		70	19,687	5,488	25,175
	4	60	16,564	4,786	21,350
		50	13,064	4,117	17,181
	5	40	7,554	3,003	10,557
	6	20	4,282	2,117	6,399

（単位はポンド）

調べてみようと思う。

主として造船のために問題になる材料は、次のとおりである。

①後述するが、以前はあらゆる時代の造船にとってきわめて重要な意味をもっていた木材。

②索具あるいはその原材料、麻、亜麻等。

③帆布あるいはその半製品、あるいは原材料。

④鉄製品、錨、鎖、釘、針金。

⑤タール、瀝青《チャン》。

⑥真鍮、銅、ブリキ、錫。

ここで、信頼できる数

字として入手できたものを伝えよう。これらの数字にもとづいて、艦船がさまざまな時代に必要としたもろもろの艦船の部分やその量を推定することができるであろう。

利用できる最古の資料は、ヤールが提示してくれた前述の十四世紀の小冊子である。[408] ガレー船の建造に使用された材料の量に関する数字は、小冊子全体のあちこちに散見される。これを合計すると次のような数字となる〔一ツェントナーは五〇キログラム〕。

型のきまった鉄材　八〇〇〇本（それぞれ一〇ツェントナー）
タールとピッチ　三〇〇〇ポンド
錫　六〇〇ポンド
索具　八二五一・五ポンド

木材需要については、残念ながら手がかりがなかった。

しかし、船の等級が拡大されるにつれ、すべての材料の需要は明らかに増大した。十六世紀には（「ヘンリー・グラース・アデュー」号について見られる）[409]、早くも五六トンの鉄、すなわち一一万二〇〇〇ポンドが使用されたが、この船に用いられた木材は三七三九トンに達した。驚くべきほど少量なのは、麻くずと亜麻の使用量である。たとえシップスポンド＝二・五ツェントナーという数字をみとめないとしても、その量はわずか五六五ストーン（麻一ストーンは三二ポンド）プラス一七一一ポンドである。

十六世紀には、普通は索具がどのくらい使われていたかについて、別の方面からたしかな情報が与えられている。(410)一五六五年につくられた船には、索具が一一四〇ツェントナー、あるいは四五六シップスポンド、したがって一一万四〇〇〇ポンド使われた。やはり十六世紀につくられた「トライアンフ」号では、木材価格は一二〇〇ポンドである（総出費は三七八八ポンド）。

次の数字は十七世紀のものだ。一六一八年の一〇隻のイギリスの新造軍艦の建造費は次のとおりである(411)（その内訳は、六五〇トン六隻、四五〇トン三隻、三五〇トン一隻）。

船体の建造	四万三四二五ポンド
滑車、上檣	五一三ポンド六シリング八ペンス
ボート（仕上げボートと艦載中型ボート）	三三〇ポンド一〇シリング
索具	六七一六ポンド一シリング六ペンス
帆具	二七四〇ポンド一五シリング六ペンス
錨	二二八七ポンド四シリング
合計	五万六〇〇二ポンド一七シリング八ペンス

二三隻の軍艦、二隻の一本マストの小型帆船、ならびにはしけなどの修理費(412)は次のとおり

である（十七世紀初頭）。

デプトフォードの乾ドックの二隻の修理　五三七八ポンド一一シリング三ペンス
港内での他艦の修理（マスト、帆桁、船体を含む）　四五四一ポンド
装備
　九三トン以上の索具の補充　三三八七ポンド一一シリング
　一八二枚の帆　二〇〇〇ポンド

乾ドック内の倉庫の備品を補充するため、別の時に次のものを必要とした（ジェイムズ一世治下）[413]。

索具一三七トン　一万一七〇ポンド
大マスト　一二〇〇ポンド
錨　一〇〇〇ポンド
帆布用のズック　三一三八ポンド一六シリング
常時倉庫に備蓄すべき乾燥した板と梁（各四〇シリング）を二〇〇〇荷　四〇〇〇ポンド

長ボート（艦載中型ボートその他の小船）　八四〇ポンド

合計　二万三四八ポンド一六シリング

乗組員三〇〇人の英仏海峡就航船の索具の更新には、年間一七〇〇ポンドの費用がかかった。[414]（チャールズ一世治下の）ジェイムズ号とユニコーン号には、一六五トンの索具が備えられていた。一トン当たり三五ポンドとすると、五七七五ポンドの費用がかかることになる。両船の錨の重さは二一四ツェントナーあり、一ツェントナーには二ポンドかかった。帆では多量にあった（どのくらいかは不明）組帆は全部で二二五ポンドであった。[415]最後に十八世紀の経費をかかげるが、これによってこの時代になると、あらゆる物資の需要が、再び異常なほど拡大されたことがよくわかる。

一〇〇門の砲を備えたイギリスの軍艦は、三六〇〇エレの帆布を必要とした。一〇〇〜一二〇門の砲を備えたフランスの軍艦は、いずれも長さ一七〇〜一八〇フィート、幅五〇フィートあったが、その建造にあたっては、四〇〇〇本の十分にすこやかに育った槲材《かしわ》、三〇〇〇ツェントナーの鉄、二二九〇ツェントナーの瀝青《チャン》をぬった索具を必要とした。[416]

五〇門の砲を備えた、一七四〇年にトゥーロンで建造された前述の軍艦「ジャソン」号については、きわめてくわしい計算書が残されている。それによって艦の個々の部分のための出費と、その大きさがわかるようになっている。これはわたしが発掘した史料[417]で、まだなんぴとの目にも触れたことがない。

檞材	二万九六三六リーブル六スー
船体を包む板	一万六二九〇リーブル五スー
他の木材・板	一万四一八五リーブル五スー
鉄と釘	二万一三八五リーブル三スー
物品	三五九一リーブル八スー
窓と鍵	九〇〇リーブル
台所と炉	七八〇リーブル
マスト	二二六四リーブル一七スー
帆竿	一〇七七リーブル二スー
丸太と帆桁	二二一二リーブル一スー
労賃と日当	三万四〇一〇リーブル
索具	一万六三〇八リーブル一二スー
補充の索具	一六三九リーブル八スー
錨と備品	四二二七リーブル一〇スー
補充のマストと帆竿	三二七リーブル一四スー
丸太と三ツ目滑車など	四三五リーブル

帆と備品	四七四四リーブル一六スー
舵手の道具	二五八〇リーブル一三スー
砲手の道具	一〇万六〇五八リーブル六スー
小銃	二四〇六リーブル一四スー
武器工の道具	三〇リーブル九スー
大工の道具	一五五二リーブル一〇スー
釘	一〇四リーブル八スー
竜骨備品	一三五三リーブル七スー
台所用品	一三七リーブル一二スー
大端艇と小舟	六三二リーブル二スー
礼拝堂の装飾	三〇〇リーブル一〇スー
医薬品	九三四リーブル七スー
合計	二七万七一四八リーブル一〇スー

このような数字を見れば、艦隊の需要（またそれに引き続いて、あるいは前述したように、それが原因となって起こる軍艦に追随する商船の需要）が商工業の重要な分野に与えたきわめて大きな意味が判然とするであろう。

国王が国土を巡回し、造船材料を購入するとその価格は上昇し、その後、売却してしまうと価格は下落する。

「一般に、国王陛下がお買い求めになった当初は、材料はすべてが品不足になり、価格が上がる。また陛下がこれをお売りになると、すべての材料が満ちあふれ、価格が下落する」[418]。

正当にも枢密院は、財政的利益の立場からこのように不満をさらけ出した。こうした強力な購買者は、国民経済にとってどのような価値をもっているだろう！

まず登場するのが、木材の売買である。木材はこうした大口《おおぐち》の購買者によって、はじめて取引が大がかりとなり、とくに、海軍への御用達のおかげで、資本主義的組織へ移行する運びとなる。コルベールは商人たちに、プロヴァンスとドーフィネにあるすべての森林を買い占めるよう誘った[419]。コルベール自身も、自分が損失をこうむるのを恐れることなく、王立倉庫のために目前の需要の有無を顧慮せず、できるかぎり、すべての木材や麻、それに「他の物資」を購入した。

「彼は負担がかかることを恐れなかった」[420]。彼は常時、一〇〜二〇隻の船をつくるのに十分な材料を備蓄しておくために、大量の木材などを集積した。一六八三年には、軍用倉庫だけでも一六フィートから三〇フィート[421]の間のマスト一四四二本が貯蔵された[422]。

もちろん、国家は大商人とくに大商社を優遇した。それというのも、彼らなら容易に国の増大する需要を充足できたからである。そういうわけで、イギリスでは多量の造船用木材や釘などの調達について東インド会社が王室と契約を結んだ。そのことは、二隻の新造船のための物資の調達に関する、次のような一六一八年の書簡が示している[423]。

「東インド会社あての書簡――しかるべき業務達成のために、それぞれ六五〇トン、四五〇トンの二隻の船を、明年、建造することを告示する。そのための必要材料は、次のとおりである。

木材に加工すべき曲がった立木	六〇〇荷
加工されないまっすぐな立木	七〇〇荷
あらゆる種類の板	三六〇荷
ひじ板	一四〇荷
乾燥させるべきモミ材	三〇〇荷
あらゆる種類の木釘	八〇〇〇荷」。

そのうちの一部は、ホワイト・ウィルモーらの調達により、すでに各種の場所に貯蔵されている。

ロシア会社のような他の貿易会社は、大部分が海軍への調達のために存立していた。モスコーヴィッチ会社〔ロシア会社の別称〕に対し、一六〇九年から一六一八年にかけて、海軍当局が、索具のみについて支払った金額の一覧表をここにかかげておこう。[424]

一六〇九年	一万八一七三ポンド八シリング八ペンス
一六一〇年	八四七六ポンド九シリング八ペンス

一六一一年	四八八ポンド六シリング一ペニー
一六一二年	一万一五〇六ポンド四シリング五ペンス
一六一三年	六六二三ポンド三シリング七ペンス
一六一四年	九四三九ポンド三シリング七ペンス
一六一五年	九二〇八ポンド一〇シリング
一六一六年	一万三三五三ポンド二シリング一〇ペンス
一六一七年	一万二〇九三ポンド一八シリング八ペンス
一六一八年	一万八ポンド三シリング一〇ペンス
合計	一〇万三七七〇ポンド一一シリング四ペンス

この会社は、この頃は一年に一度以上は変更されない六万四六八七ポンドの資本金で操業していた。索具の調達だけで、年間売り上げの約六分の一を占めていた。この商品の取引は実際に特別に多くの利益をもたらしたので、この会社はロシアに独自の索具工場を設けた。索具のほかにも、やはり造船には必須の瀝青《チャン》、タール、木材なども扱われた。一六一七年、この会社は、四二パーセントの利益配当を行った[425]。

しかし自国内でも、大量に造船材料を生産する多くの工業が発達した。こうした工業を特別に配慮したのは、やはりコルベールであった[426]。彼は、ドーフィネにタール工場を、同地とブレストに巻き上げ機工場を、真鍮と鉄の針金工場をブルゴーニュに、亜麻布（帆布用）の工場をロシュフォールにそれぞれ建造した。陸軍への武器供給に依存していたことをすでに見てきた銅、錫、鉄の製造工業が、海軍によっても大いに促進されたことを、ことさら強調する必要はないであろう。しかし造船にのみその繁栄を負うており、初期資本主義時代には、資本の大きさ、経営の大きさにおいて注目すべきものがあった先進工業の一つに数えられる工業は、索具ならびに帆布製造工業である。

これらの製品をつくる者たちは十八世紀のロンドンでは資本力がもっとも強力な企業家に属していた。最少の資本金でも二〇〇〇ポンド、普通は五〇〇〇〜一万ポンドと推定される。[427] モスクワにある（国営）帆布工場には、一七二九年に早くも一一六二人の労働者が働いていた。[428]

＊

わたしがこれまで述べてきたことによって、造船が近代の経済生活の形成とくに資本主義の発展にとってもつ重要な意義がすでに証明されたと思う。そこで、わたしはさらに結論として、造船ならびに資本主義という二つの現象の間、さらに広い意味では戦争と資本主義との間に存在し、当時の軍事的な活動を、おそらくその全体的な巨大な作用のただなかで判然と示す一つの関係を述べたいと思う。

それは、製鉄業がとくに武器の需要によって、造船がとくに軍艦の需要によってともに一層高度な形式に育成されたこと、製鉄と造船がともに戦争の所産にほかならないならば、戦争はまさにこのことによって、再び破壊者となったこと。とくにヨーロッパの森林の破壊者となったことだ。なぜなら、造船と製鉄はとりわけ、十六世紀以来のはげしい木材不足に対する大きな不満のきっかけとなった過大な木材供出の要求を打ち出したからである。

しかし、この破壊から再び新しい創造的な精神が台頭した。木材の不足と、日常生活の必要が、木材にかわる物資の発見あるいは発明を、そして燃料としての石炭の利用を促し、さらには製鉄のさいのコークス処理の発見に駆り立てたことである。そしてこれは十九世紀における資本主義の、まったく大がかりな発展によってはじめて可能になったのであり、この事実はあらゆる有識者にとって疑う余地がない。

したがって、この決定的な点においても、見えざる糸が、商業上の関心と軍事上の関心を密接に結びつけているように思われる。

参考書目と文献

I　軍事科学文献の紹介

本書の読者諸氏の多くは、軍人でもなければ軍事関係の著述家でもなく、したがって、本書で扱われた問題を扱っているか、少なくともそれに触れている軍事科学の文献に関し、けっして正確な知識をもっておられないであろう。そこでわたしは、もっとも重要な著作を簡単に概観するさい、当然のことながら、軍隊の維持の研究との関連で、問題になる著作のみを顧慮することにした。したがって除外されたのは、すべての純粋に戦史的な文献、ならびに純粋に戦略、戦術を扱った文献、それに年代史的な『連隊誌』である。しかし、わたしは、関連のある著述のなかでも、きわめて重要な資料が山積するなかで、最初の指針を与えてくれるようなまったく一般的な著作のみを、当然のことながらとりあげておいた。今後、読者諸氏は容易に、ご自分で、一層特殊な文献を入手されることであろう。

1　書誌、便覧など

軍事科学の機構は、まさに卓越した状態に置かれている。その機構は（ゲーテによれば）およそ交際する人間のなかで、もっとも快適で、おそろしいほど清潔でこぎれいな教養あるプロイセン将校のような様子をしている。そこで、ほどよく調整された軍事ならびに戦争科学の文献の空気のなかに、しばし身を置くのは、楽しいことでもあろう。

まず書誌学上の補助手段としては、ポーラー『歴史的・軍事的書誌学（一八八〇年まで）』四巻（カッセルおよびライプチヒ、一八八六〜九九年）があげられる。とくに注目すべきは、V・シャルフェンオルトの一七四〇〜一九一〇年の戦争科学書誌である（ベルリン、一九一〇年）。ついで有益なのは、陸軍大学と大参謀本部の図書館のカタログ（新しく刊行されたばかりだ）である。

軍事科学の辞典では、B・ポーラン『歴史的軍事科学ハンドブック』九巻（一八七七〜八〇年）、E・ハルトマン『陸海軍に関する簡易軍事ハンドブック』（一八九六年）、ならびにH・フロベニウス『軍事辞典』があるが、いずれも歴史的な資料をほとんど提供してくれない。

事実関係についてもなにくれとなく解明してくれる軍事的な文献の包括的な歴史書は、イェーンスの学問的労作『戦争科学の歴史——とくにドイツについて』である。これは三部に分かれている（ミュンヘン、一八八九〜九一年）。

2　一般的軍隊組織の歴史

(a)　総体的な記述

ここでは、まず第一に二つの著作をあげることができる。いずれもそれぞれの分野でまことにすぐれた著作であるが、やっとわれわれの関心が高まりはじめた箇所で中断されるという欠陥がある。近代軍隊の創設がその箇所である。ところでその二つの著作とは、M・イェーンス『軍事組織史のハンドブック』（地図付き）（ベルリン、一八七八〜八〇年）（ルネサンスまで達している）、および、H・デルブリュック『戦術史』である。この本の第三部「中世」（ベルリン、一九〇六年）だけでも重要である。イェーンスの著作は、古い資料が充実しているところに特色がある。他方デルブリュックの著作は、事実の天才的解明とすばらしい記述が長所である。この美しい著作に接すれば、それがとくに経済問題を扱ったときさらけだされた、部分的にはまったく怪奇な思い違いはあるにせよ、読書の喜びが妨げられることはない。

軍隊組織のより以前の記録では、「戦争」という見出しで、五〇〜五三巻に含まれているクリューニッツのエンサイクロペディアの項目が特記に値しよう。

全軍隊組織と軍事行政を組織化する試みを含んでいるのは、ローレンツ・フォン・シュタインの労作で、これは『国家学』（シュットガルト、一八七二年）の一部をなしている。

一般大衆向けだがなかなか価値があるのが、最近刊行されたオットー・ノイシュラー『常備軍導入以来の軍隊組織の発達』第一部「十九世紀末にいたる歴史的発展」（ライプチヒ、一九一一年）である。

(b)　個々の国について

ドイツ　古い文献では、V・フレミング『完全なドイツ兵士』（一七二六年）（これは文中に多くの命令、規定を含んでいる）とJ・A・ホーフマン『軍事国家論』二巻（レムゴ、一七六九年）「三十年戦争の時代」。J・ハイルマン『三十年戦争時代の皇帝軍とスウェーデン軍の軍事組織』（一八五〇年）。G・ドロイセン「ドイツにおける軍事組織史への寄与」。これは『文化史雑誌』第四巻にのっている。V・レーヴェ『ヴァレンシュタイン軍の組織と管理』（フライブルク、一八九五年）「ブランデンブルク‐プロイセン」。I・W・ヘンネルト『フリードリヒ三世治下のブランデンブルク‐プロイセンの戦争史』（一七九〇年）。A・v・クロウザッツ『一六四〇年から一八六五年にいたるブランデンブルク‐プロイセン軍の組織』（ベルリン、一八六五年）。G・v・シュモラー「プロイセン軍の組織」はまず、「ドイツ・ルントンシャウ」誌、第三巻第一一号に発表され、その後さらに「概略誌」（一八九七年）に採録された。ヤニー「古い軍隊の端緒」大参謀本部編『プロイセン軍の歴史に関する古文書、寄稿、探究』第一号（ベルリン、一九〇一年）（これはきわめてすぐれた、非常に教えられるところの多い研究である）。同じくヤニー「一六五五〜一七四〇年の旧軍隊」、同じ雑誌の第七号（ベルリン、一九〇五年）に発表。G・レーマン「大選帝侯治下のブランデンブルクの軍事力」「ブランデンブルクとプロイセンの歴史研究」誌、第一巻。F・シュレッター男爵『大選帝侯治下のブランデンブルクープロイセンの軍隊制度』（ライプチヒ、一八九二年）。

通俗的な記録としては、まず多くの興味深いさし絵が入っていることによってとくに価値のある、ゲオルク・リーベ『ドイツの昔の兵士』（一八九九年）がある。これは有名な『ドイツ文化史のための特殊研究』の一巻をなしている。次は、ベッカー『ドイツ・オーストリア常備軍の創設期』（カールスルーエ、一八七七年）で、これには、教えられるところの多い数多くの資料が含まれている。

フランス　M・ギローム『ブルゴーニュ公治下の軍隊組織の歴史』（一八四七年）。M・F・シカール『フランス軍制史』四巻（一八三四年）。E・ブタリック『フランスの軍隊制度』（一八六三年）（これは今日でも凌駕されることのない、もっともすぐれた著述で、他の国でも、これに匹敵するような労作は見られない）。ブタリックは、ルイ十四世時代までを概観的に扱っているだけなので、その一種の続編となるのは、L・マンシオン『アンシャン・レジームの軍隊』（一九〇〇年）である。——歴史的に重要なフランス軍の起源についての新しい文献として、とくに問題になるのは、G・ロロフ「シャルル七世治下のフランス軍」で、これは「歴史雑誌」第九三巻にのっている。またたいへん詳細な記述が見られるのは、E・コスノー『リシュモン元帥』（一八八六年）である。

イギリス　イギリス陸軍の歴史研究は、このところ、フォーテスク『イギリス陸軍の歴史』（ロンドン、一九〇三年と翌年以降）という大がかりな著述によって大躍進をとげた。たしかにこの著述は、はじめのうちこそ外面的な（戦争の）歴史を扱っているものの、内的（組織の）歴史も、個々の章でとりあげている。

フォーテスクの労作と並んで価値が失われていない古い著作もいくつかある。なかでも、きわ立っているのはF・グロース『軍隊の旧習』二巻（ロンドン、一八一二年）で、これはきわめて興味深い資料の宝庫である。

3　装備の歴史

文献は、ほとんどまったくといっていいほど、技術的性格のものばかりだ。武器技術の発展には次の著作が参照される。デッカー『砲組織史試論』（ベルリン、一八一九年）。R・シュミット『携帯用火器』（バーゼル、一八七五年）（年代順の記述）。ゲルマン国民博物館編『火器の歴史のための文献』（ライプチヒ、一八七二〜七七年）。M・ティーアバッハ『携帯用火器の発達史』（ドレスデン、一八八八〜九九年）。A・デミン『歴史的発展のなかの戦争用武器』第四版（ライプチヒ、一八九三年）。W・ベーハイム『武器ハンドブック』（ライプチヒ、一八九〇年）。

組織問題を扱っているのは次のとおり。D・ホセ・アランテギ『十六世紀初頭のスペインの砲兵に関する歴史的素描』（一八九一年）（本書をわたしはデュロ『スペイン無敵艦隊』の抜粋によって知った）。J・ライツェンシュタイン男爵『一三六五年から現代にいたるブラウンシュヴァイクおよびハノーファー地方における砲組織と砲兵』（一八九六〜九七年）（多くの興味深い資料を含んでいる）。

武器の技能の歴史（組織にも関係している）についての報告は、L・ベック『鉄の歴史』のなかに散見されるが、とくに第二巻と第三巻が重要だ。イェーンスをはじめ戦争の性格に関する一般的歴史書が、部分的に武器の歴史を適切に記述している。

もっと昔の文献については、有名なフロンスペルガー『大砲、火器、城塞』（一五五七年）に言及したい。その他、『新設の武器庫』（ハンブルク、一七一〇年）があるが、その第四部では、武器の製造と保存を扱っている。

4　軍隊給養組織の歴史

この主題に一般的に取り組んだ最近の学問的研究のうち、古い時代を扱ったものはよくわからない。O・マイクスナー『陸軍給養の歴史的回顧』（ウィーン、一八九五年と翌年以降）は、すぐれた労作だが、十九世紀の戦争にのみ限定されている。

この主題にあっさり触れているのが、「アクタ・ボルシカ」誌の穀物取引政策を扱った部分である。また

『一七四〇年にいたるブランデンブルク‐プロイセンの穀物取引政策と軍用倉庫の管理』（ベルリン、一九〇一年）という二巻本もある。

その他、一連の有益な特殊研究がある。ミンクヴィッツ男爵『一六八〇年より今世紀にいたるまでのクール・ザクセン騎兵隊の経済的制度とくに給養関係について』ザクセン史新文庫、第二巻。F・シュヴァルツ『七年戦争におけるプロイセン地方民兵の組織と給養』（ライプチヒ、一八八八年）。

しかし本質的にはわれわれはまだ依然としてもっと古い資料（文献）に頼っている。それにはとくにフランス語で書かれたすぐれた著作がいくつかある。これらの文献はたしかに他の諸国のことも展望しているけれども、やはりフランス事情の記述に限定されている。ともあれ重要なのは、デュプレ・ドルネイ『軍隊給養概観』二巻（第四版は一七四四年）である。著者は軍事委員会委員で、給養関係の事務局長であり「企業家たらんことを志す人々の案内に役立たせるため」本書を執筆したという。この労作は二部に分かれ、第一部は軍隊生活、糧秣、畜殺、病院、生活必需品、大砲の管理などの一般的理念を述べている。ついで、第二部は、（一）賃金、（二）各部隊において予想される需要の計算、（三）申請のモデル、（四）調達契約のモデル、（五）行政管理のモデル、（六）官僚のための訓令などとなっている。本書には、御用商人のための完全な指図が含まれている。たとえば、いかにして注文品を差し出すか、いかにして自分たちの組織を固めるか、そして、いかにして物品を購入するかなどが指示されているわけだ。

これと並んで教えられるところの多い著述は、ド・シャンヌヴィエール『軍事委員会の役員ならびに有力者全員に必要な軍事詳論』二巻（パリ、一七五〇年、補遺一七六八年）と、X・アンドゥアン『軍事行政の歴史』三巻（一八一一年）である。

ドイツ語で書かれたもので、これらに匹敵するのは『将校ハンドブック』（一八三九年）の第五版にのっているリヒトホーフェン男爵の「軍事予算」である。

戦時の兵站部《へいたんぶ》についてはとくに、K・G・ヴァイゼ『プロイセン王国軍隊の野戦兵站部について』（ウルム、一七九四年）がある。著者はプロイセン王国派遣の野戦兵站部書記で、もっぱら、プロイセンの状況を扱っている。また『プロイセン軍、オーストリア軍、ノイフランケン軍の兵站官による強奪、掠奪の暴露』（一七九九年）四二～四三頁にもある。この本は、ほとんどフランス軍兵站官と御用商人の詐欺、いかさまについて述べており、著者はおのれの「長年にわたる調達業務」と「絶えざる御用商人との交際」を自慢している。

5　軍隊の被服の歴史

この方面では、われわれの目的に役立つ文献はまことに少ない。たしかに形式的には軍服に関する資料が豊富にある。しかしこれらはすべて、衣服物語ともいうべきであって、軍服のたんなる形式、裁ち方、色などを（ほとんどの場合、図入りで）記しているにすぎない。この種の著作としては、R・クネーテル編『軍服事情ハンドブック』（ライプチヒ、一八九六年）、G・v・ズットナー『騎兵の研究――十六、十七世紀における優秀騎兵部隊の歴史と装備への寄与』（ウィーン、一八八〇年）、J・リュアード『イギリス兵士軍服の歴史』（ロンドン、一八五二年）、マルボーとノワモンの共著『フランス軍の軍服』三巻（一八四六年）、それに、カレ・ド・ヴェルヌイユ『フランスの軍隊の衣服と最初の軍服』（パリ、一八七七年）がある。

これに対し、まったく新しい軍隊の被服問題の経済的、組織的側面の研究にも利用できる文献のタイプとして登場した名著が、このところ『プロイセン王国軍隊の被服と装備の歴史』と題し、ヴァイマールで一九〇六年と翌年以降に国からの委託で出版された。この著作のなかで、もっともすぐれた専門家たちが、はじめて、この分野におけるベルリンの公文書記録の豊富な資料を利用することができた。ただし、これまでに二部までが刊行されただけである。

6　海軍と造船の歴史

この分野の文献は、新旧を問わず、すぐれたものが多い。

海軍組織と造船一般については、かなり昔から他の場合はまったく刊行されなかった資料を含んでいるため、今日にも依然として高い価値を保持している一連の労作がある。それは次のとおりである。J・シャーノック『海軍建築の歴史』三巻（ロンドン、一八〇〇～〇二年）。A・ジャル『海軍の考古学』二巻（パリ、一八四〇年）。すでにこの分野では多くの著作があった。海軍組織と造船に関する十七世紀の（とくに重要な）文献の概観を与えてくれるのは、それだけでも興味深い資料を多く含んでいる論文「開かれた海港」二部（ハンブルク、一七一五年）である。

A・デュ・サン『全民衆の海軍史』二巻（パリ、一八六三～七九年）は、ほとんど純粋の戦争史である。だが、個々の国の海軍のありさまについては、多くの労作のなかで、部分的にはきわめて良質でしかもたいへん新しい記述が見られる。そのうち、もっとも重要で、とくに新しいもののみをとりあげてみよう。

オランダ　J・C・デ・ヨンへ『オランダ海軍の歴史』一〇巻（ハーレム、一八五八年）。補遺のなかには艦隊と造船の内的組織の歴史にとって価値ある資料が見受けられる。

スペイン　C・F・デュロ『スペイン無敵艦隊』九巻（マドリッド、一八九五～一九〇三年）。これは本質的には海戦の歴史だが、行政史についても数章が述べられている。

無敵艦隊の装備については、豊富な資料がそえられている。無敵艦隊の遠征については同じ著者が、一八八四年に出版したものがある。

イタリア　C・マンフローニ『イタリア海軍史』二巻（ローマ、一八九七年、初版）。これはほとんどといってよいほど、政治的内容の本である。これに対し、中世のジェノヴァ海軍の歴史については、すぐれた著作家がいる。E・ハイク『ジェノヴァとその海軍』（一八八六年）がそれである。

フランス　Ch・ド・ラ・ロンシェール『フランス海軍史』四巻（パリ、一八九九年と翌年以降）。これは本質的には戦争史である。したがって、フランス艦隊の内部事情の歴史はこれ以前の著作に頼るしかない。その一つとしてあげられるのは、E・シュー『フランス海軍史』四巻（パリ、一八三七年）である。そもそも著述家が今日話題にのぼるときは、ほとんどの場合、いろいろと悪評がたてられる（しかも評価された対象について批評家は、自ら検討の労をとることなく、明らかに他者の悪評を鵜呑みにする傾きがある）。シューの著作も、悪評が立てられたのだが、実はきわめて役に立つ文書の資料を含んでいる。もちろんこれらの資料は、時には荒唐無稽な形式でつくられている（彼の『パリの秘密』のような作品さながらに！）。

イギリス　当然のことながら、この国には自国艦隊とその発展ならびに行動の歴史的な記録がとくに豊富である。だが過去のすべての一般的著述は、W・レイアード・クラウズらのすぐれた著作によって凌駕されてしまった。それは『イギリス海軍』五巻（ロンドン、一八九七年と翌年以降）である。第一巻は一六〇三年まで、第二巻は一七一〇年まで、第三巻は一七八三年までとなっている。一般市民の歴史についてもこの本のなかで、かなりのスペースが割かれている（しかも、この本には多くの図版が入っている）。これはいわば標準的著述である。しかし、これと並んで、この本の著者自身がしばしば、おのれの記述のさいの資料として役立たせた、特別に豊富な材料を集めている有用な一書を見過ごしてはなるまい。それは、M・オッペンハイム『イギリス海軍の行政史』（ロンドン、一八九六年）で、この本は、共和政治時代まで扱っており、しかも、論じられた問題の裏づけのために多くの事実にもとづいた材料を提出している。

II　文献の典拠

序　文

（1）ローベルト・ヘニンガー『プロイセン年鑑』第一三八号（一九〇九年）の四〇二頁以下に見られる「三十年戦争とドイツ文化」。
（2）L・エナウディ『十八世紀初頭のサヴォイア家の財政』（一九〇八年）、三七三頁。
（3）アルヌール『商業のバランスについて』所載の図表その三。
（4）ランケ『南欧の王侯と民族』第一巻三章、四五五頁。
（5）G・C・クレルク・デ・レウス『東インド会社の歴史的概観』（一八九四年）、一九三頁。なお一九一頁も参照。
（6）ブリングキオ『花火製造術』第一巻、第二章。
（7）P・ケプラン『フランス東インド会社』（一九〇八年）、六四七頁。
（8）R・エーレンベルク『フッガー家の時代』第二巻（一八九六年）、二〇五頁以下。参照してほしいのはランケ、前掲書、四二二頁以下。
（9）ポストルスウェイト『商業辞典』第二巻（一七五八年）、二八五頁の項目「金融業」ならびに七六四頁の「株式相場」。
（10）メルシエ『パリの図鑑』第一巻（一七八四年）、二二九頁、第三巻、一九〇頁。
（11）E・ラスペイレス『オランダの民族観の歴史』（一八六三年）、二五四頁。
（12）H・ジーフェキング『ジェノヴァの財政組織』第一巻（一八九八年）、一七四頁。
（13）エーレンベルク、前掲書、第二巻、一〇七頁。

(14)　H・ジーフェキング「中世のイタリア諸都市における資本主義の発展」季刊「社会と歴史」第七号、八四頁。注12の前掲書、一〇〇、一一〇、一六〇頁参照。
(15)　パグニーニ『十分の一税』初版（一七六五年）、三三頁。
(16)　H・ジーフェキング『ジェノヴァの財政組織』第一巻、一六一頁。
(17)　フォルボネ『一五九五年より一七二一年にいたるフランス財政についての研究と考察』第一巻（一七五八年）、二八頁。
(18)　フォルボネの著述に見られるダヴナンの言葉。前掲書、第一巻、第二章、二九六頁。
(19)　E・ルヴァソー『労働者階級の歴史など』第二巻（一九〇〇年）、三五三頁。
(20)　P・ボワトー『フランスの国有財産と財政』第二巻（一八六六年）、一四頁。
(21)　M・ブロック『フランスの統計学』第一巻（一八七五年）、四八一頁。
(22)　デ・ウィット『オランダの利益』。これは、アンダーソン『商業の起源』第二巻、四・三頁に引用されている。
(23)　J・シンクレア『国家財源の歴史』第一巻（一八〇三年）、二二〇、二八八、四二六、四三九、四五一、四六〇、四七二頁。最後の数字については、G・R・ポーター『国民の進歩』第三版（一八五一年）、四七四頁を参照。
(24)　ポストルスウェイト、前掲書、第一巻、第二章、三一〇頁。
(25)　ハイドの著書の大部分はこうした契約の列挙におわっている。
(26)　P・ケプラン『フランス東インド会社』（一九〇八年）、三二二頁。
(27)　P・ケプラン、前掲書、第一章、六三頁。
(28)　拿捕されたイギリス船のリストについては、ポストルスウェイトの『商業辞典』第一巻、九二七頁を参照。

（29）ポストルスウェイト『商業辞典』第一巻、七二五頁のイギリスの項目。同じことが七二八頁以下にのっているが、これはアフリカ海岸における要塞の状況、軍備、弾薬、駐留兵などについての概観である。

第一章　近代的軍隊の誕生

（30）H・デルブリュック『戦術史』第三巻（一九〇七年）、一九七頁。
（31）H・デルブリュック、前掲書、二一七頁。
（32）ゴーデ編『リシェル師の説話』第二巻、二六六頁。これはブタリック『フランスの軍隊制度』（一八六三年）、二四〇頁に引用されている。
（33）『サクソニア・年代記』四二〇、七二一頁。これはレイアード・クラウズ『イギリス海軍』第一巻、四五頁に出てくる。
（34）このことはとくにJ・H・ラウンド『騎士制度のイギリスへの導入』によって証明されている。またこの本は『封建制度下のイギリス』（一九〇九年）、二二五～三一四頁に再録されている。
（35）ブタリックの古文書シリーズⅢのうち「経済論」、二四八頁。
（36）H・デルブリュック、前掲書、三二三頁。
（37）H・デルブリュックのドイツ都市文献、前掲書、四五九頁を参照のこと。
（38）J・W・フォーテスク『イギリス陸軍の歴史』第一巻（一八八九年）、一三、一一二頁。
（39）ヤニー「古い軍隊の端緒」「プロイセン軍の歴史に関する古文書、寄稿、探究」誌、第一号（一九〇一年）、一二二頁以下。クーア・ザクセンにおけるまったく類似の状態について扱っているのは、ヤニーが引用したシンプの著作『ミンクヴィッツ宮内相の遺稿に準拠するクーア・ザクセンの最初の親衛隊』（一八九四年）である。
（40）ランケ『フランス史』第一巻（一八七七年）、第三章、五五頁以下。

(41) 兵隊の略奪といじめ予防のためのシャルル七世の書簡（一四三九年十一月二日付）『フランス国王の勅令集』第八巻、三〇六頁。これはランケの前掲書に出てくる。
(42) 参考書目はJ・W・フォーテスク、前掲書、第一巻、二〇四頁。
(43) グナイスト『イギリスの行政論』第二巻、第二章（一八六七年）、九五二頁以下。
(44) ヤニー「古い軍隊の端緒」一一八〜一一九頁。
(45) 初めてイェーンス『戦争科学の歴史』第二巻、一五五四頁、が利用されている。
(46) G・v・シュモラー『プロイセン軍の発生概観』二六七頁など。
(47) C・F・デュロ『スペイン無敵艦隊』第一巻（一八九五年）、三三二頁。
(48) レイアード・クラウズ『イギリス海軍』第一巻、四一頁にのっているマット・オブ・ウェストの物語による。
(49) E・ハイク『ジェノヴァとその海軍』（一八八六年）、一一六頁。
(50) レイアード・クラウズ『イギリス海軍』第一巻、四一頁。
(51) アンダーソン『商業の起源』一五一二頁。グナイスト『イギリスの行政法』一〇六九頁。
(52) H・デルブリュック『戦術史』第三巻、四七六頁。他の数字は同書一五三、二二九、二四四、三四八、三六三、四〇四の各頁。
(53) 最も正確で信頼できる表記は、ブタリック『フランスの軍隊制度』第五巻、第八章。
(54) ヤニー「古い軍隊の端緒」五七頁。
(55) ヤニー、前掲論文、七六頁。
(56) C・F・デュロ『スペイン無敵艦隊』記録の一一〇頁、レイアード・クラウズ、前掲書、初版、五六〇頁に引用されている。
(57) 職員録による。E・シュー『フランス海軍史』第四巻（一八三六年）、一七〇頁。

（58）J・C・デ・ヨンへ『オランダ海軍の歴史』第一巻の付録、第一二号。

（59）イギリス海軍記録協会の出版物の付録第一九号（一八九九年）。ピョートル大帝治下のロシアについては『ピョートル大帝治下のロシア艦隊の歴史』がある。これは同時代のイギリス人が（一七二四年）執筆したもので、副提督サイブリアン・A・G・ブリッジが編集したこの刊行物にのせられている。

（60）J・シャーノック『海軍建築の歴史』第二巻（一八〇一年）、九一頁にのっている。

（61）M・オッペンハイム『イギリス海軍の行政史』（一八九六年）、五二頁。

（62）『海軍の現状を調査すべく任命された委員会の報告』（一六一八年）。参照したのはJ・シャーノック、前掲書、第二巻、二四六頁。

（63）長年にわたり海軍次官をしていたバーチェットの著述による。その一部がアンダーソンの前掲書、第二巻、一三九頁に記されている。

（64）『スペイン無敵艦隊の敗北に関する公文書』第二巻、三二三〜三四一、三七六〜三八七頁。参照したのはレイアード・クラウズ、前掲書、第二巻、一八頁。

（65）議会調査委員会の報告による。レイアード・クラウズ、前掲書、第二巻、一八頁。

（66）オッペンハイムの前掲書、三三〇〜三三八頁に見られる完全なリスト。

（67）レイアード・クラウズ、前掲書、第二巻、二六七頁。

（68）ダヴソン、コリバーによる。アンダーソン、前掲書、第二巻、五七九頁。

（69）アンダーソン、前掲書、第二巻、五七九頁の資料参照。

（70）ビショップ・ギブソン『キャンプデンのブリタニアの持続』第一巻による。アンダーソン、前掲書、第二巻、六〇八頁。

（71）一七四九年のある著作による。アンダーソン、前掲書、第三巻、二七四頁。

第二章　軍隊の維持

(72) A・ゴットロプ『十三世紀におけるローマ教皇の十分の一税』(一八九二年)、四八～四九頁。
(73) この契約は、A・ヤール『海軍の建築』第二巻、三三三頁以下に再録。
(74) パグニーニ『十分の一税』第一巻、三三二頁の例証。
(75) 『ドイツ諸都市年代記』第一巻、一八八頁。
(76) R・エーレンベルク『フッガー家の時代』第一巻(一八九六年)、一〇頁。
(77) P・シッタ『十五世紀より十六世紀にいたる大公国の財政制度に関する研究』(一八九一年)。
(78) G・プラート『スペイン継承戦争の戦費と一七〇〇年より一七一三年にいたるピエモンテの公共支出』(一九〇七年)、二五九～二六〇頁。参照したのは、L・エナウディ『十八世紀初頭のサヴォイア家の財政』(一九〇八年)、三五〇頁。
(79) G・プラート、前掲書、四〇二～四〇三頁。参照したのは、L・エナウディ、前掲書、三六〇頁以下、注78を見よ。
(80) B・カレー『宮廷とマドリッド市』(一八七六年)の付録の注Cに引用されている。未刊行記録集、第三巻、五四五頁、五六一頁。
(81) アルベリの下での使節マテオ・ダンドロの報告、シリーズ1、第四巻、四二頁。
(82) ポアルソン『アンリ四世史』第二巻、三五〇頁に見られる、戦争の特別計算書。
(83) フォルボネ、前掲書、第一巻、二四二頁と第二巻の一〇一頁。
(84) M・ネッカー『フランスの財政管理』第二巻(一七八四年)、三八四頁。
(85) ブランデンブルク - プロイセンに関する陳述は、フリードリヒ・リーデル『十七、十八世紀におけるブランデンブルク - プロイセンの財政』(一八六六年)から引用した。
(86) レイアード・クラウズ『イギリス海軍』第一巻、三四五頁。

(87) M・オッペンハイム、前掲書、二九頁、三六八頁。
(88) サーローズ『国家白書』第二巻、六四頁。これはアンダーソン『商業の起源』第二巻、四三〇頁に見られる。
(89) シンクレア『公共財源の歴史』第二巻(一八〇三年)、五七、六一、七三、一〇九頁。
(90) アンダーソン、前掲書、第四巻、三九九頁。
(91) リーデル、前掲書、三四、四七、九三頁。
(92) G・R・ポーター『国民の進歩』第三版(一八五一年)、五〇七頁。
(93) H・ティリオン『十八世紀の資本家の私生活』(一八九五年)、一九、二〇頁に伝えられている。
(94) シャルル・ノルマン『十七世紀のフランスの市民階級』(一九〇八年)。
(95)「産後婦人のおしゃべり」『ジャネット・ピシャールのコレクション』第二巻、五〇、五一頁に見られる。
(96) ノルマン、前掲書、一六〇頁。
(97) これは全文が(ダルジャンヴィーユに)再録されている。『ルイ十五世の私生活』新版、第一巻(一七八三年)、二三一～二五六頁。
(98) C・ウィルソン『一六八八年の革命から一八四六年にいたるヨーロッパ産業へのイギリス資本の影響』(一八四七年)、四五頁。
(99) 前注の著者ウィルソンから絶賛された著述より。

第三章　装備

(100) M・ギローム『ブルゴーニュ公治下の軍隊組織の歴史』(一八四七年)、五七頁。
(101) ユグナン刊行の『メス市年代記』(一八三八年)。イェーンス『戦争科学の歴史』七七五頁。

(102)『フィレンツェの改革』第二三巻、第五部第二章、六五頁、前掲書。
(103)M・ギローム、前掲書、六〇頁。
(104)カシーリ『アラブ・スペインの図書』第二巻、七頁。イェーンスの前掲書。
(105)レイアード・クラウズ、前掲書、第一巻、一四八頁。
(106)J・ライツェンシュタイン男爵『一三六五年から現代にいたるブラウンシュヴァイクおよびハノーファー地方における砲組織と砲兵』第一巻（一八九六年）、一二頁。
(107)J・A・ホーフマン『軍事国家論』（一七六九年）、七二頁に再録されている。
(108)イェーンス『戦争科学の歴史』第一巻（一八八九年）、四七頁。
(109)J・A・ホーフマン、前掲書、七四頁。
(110)大参謀本部の戦争史に関する個々の著作集、ヤニーの前掲論文、二二頁。
(111)R・シュミット『携帯用火器』（一八七五年）、一三頁。
(112)イェーンス、前掲書、第一巻、七三頁。
(113)J・A・ホーフマン『軍事国家論』六九頁。
(114)イェーンス、前掲書。
(115)M・ティーアバッハ『携帯用火器の発達史』（一八八八年）、二一頁。
(116)ベッカー『ドイツ・オーストリア常備軍の創設期』（一八七七年）、一五頁より引用。
(117)A・v・クロウザッツ『一六四〇年から一八六五年にいたるブランデンブルク‐プロイセン軍の組織』第一巻（一八六五年）、二一～二三頁。
(118)ブタリック『フランスの軍隊制度』（一八六三年）、四二二頁。
(119)イェーンス、前掲書、第二巻、一二三六頁。
(120)ブタリック『フランスの軍隊制度』三六〇頁。

(121) M・ギローム『ブルゴーニュ公治下の軍隊組織の歴史』(一八四七年)、七八、一〇二～一〇三頁。
(122) ラヴァシュール『フランスの工業』第二巻、二九頁。
(123) M・ティーアバッハ『携帯用火器の発達史』(一八八八年)、一九、二〇頁。
(124) H・A・ディロン「ウェストミンスター、タワーそれにグリニッジにおける武器と甲冑」(一五四七年)(『考古学』第五一巻、シリーズ二、第一巻(一八八八年)にこれが含まれている)。
(125) バーゼル図書館所蔵(七五六号)。これは『シュモラー年鑑』第二一号、一三二頁にあるH・ジーフェキングの報告にもとづく。
(126) 「新設された武器庫」は「新開設の騎士の広間」の一部をなしている(一七〇四年)。
(127) M・ティーアバッハ、前掲書。
(128) G・ドロイセン「三十年戦争時代のドイツの軍隊組織への寄与」。これは「文化史雑誌」第四号(一八七五年)、四〇四頁以下にのっている。
(129) ヤニー「古い軍隊の端緒」四五頁。
(130) 『衣服の歴史』第二巻、二七七頁に再録。
(131) ヤニー、前掲論文、五一頁。
(132) ベルリン王立図書館所蔵(三一七号)。『衣服の歴史』に再録。
(133) 『衣服の歴史』第二巻、二七六頁。
(134) Ch・ド・ラ・ロンシェール『フランス海軍史』第二巻(一九〇〇年)、四七三頁に再録。
(135) リーベ『ドイツの昔の兵士』二二頁。
(136) イェーンス『戦争科学の歴史』第一巻、六六二頁。
(137) L・マンシオン『アンシャン・レジームの軍隊』(一九〇〇年)、一七二頁。
(138) イェーンス、前掲書、第二巻、一六一九頁。

(139)　J・ライツェンシュタイン男爵、前掲書、第二巻（一八九七年）、二二二頁。
(140)　V・シュタートリンガー『ヴュルテンベルクの軍事組織の歴史』第一巻（一八五六年）、イェーンス『戦争科学の歴史』第一巻、七四九頁に引用されている。
(141)　イェーンス『戦争科学の歴史』第一巻、七四七頁。
(142)　レーヴェ『ヴァレンシュタイン軍の組織と管理』（一八九五年）、九三頁の「クヴェステンベルクのヴァレンシュタイン」。
(143)　ブタリックの前掲書、三六〇〜三六一頁に出てくるシュリーの記録。
(144)　レイアード・クラウズ、前掲書、第一巻、五六〇頁に出てくるデュロ『スペイン無敵艦隊』の記録、一〇九頁。
(145)　E・シュー『フランス海軍史』第四巻（一八三六年）、一七〇頁にのせられている公式資料から。
(146)　レイアード・クラウズ、前掲書、第一巻、四〇九、四二一頁、第二巻、二六七頁にある文献を見よ。
(147)　レイアード・クラウズ、前掲書、第一巻、四一二頁にあるペピシアン文庫の記録。
(148)　M・オッペンハイム『イギリス海軍の行政史』二六二頁にある国家記録、三七五巻の二〇頁、三八七巻の八七頁。
(149)　この全体的な需要の発生とそれにつづく調達合戦の詳細な描写は、オッペンハイムの前掲書、三六〇頁などを参照のこと。
(150)　C・F・デュロ『スペイン無敵艦隊』第一巻、三三〇、三三一頁。
(151)　L・ベック『鉄の歴史』第二巻（一八九三〜九五年）、九九四頁以下の一覧表を見よ。
(152)　トゥーン『ライン川下流の工業』第二巻（一八七九年）、一二頁。
(153)　H・アンシュッツ『ズールの武器工場』（一八一一年）（「工場」という表現はここでは、リヨン式工場の意味で用いられている）。

(154) 『衣服の歴史』第二巻、一八七頁に再録されている陸軍省の記録集。
(155) 『衣服の歴史』第二巻、二七六頁に再録。
(156) H・A・ディロン「考古学」第五一巻、二一九頁以下。
(157) H・A・ディロン、前掲書、二五〇頁。
(158) J・H・B・ベルギウス編「新政治財政雑誌」第三号(一七七七年)、七五頁以下。
(159) E・シュー『フランス海軍史』第四巻(一八三六年)、四二〇頁に出てくる海軍についてのセヌレー侯爵の見解。
(160) イェーンス『戦争科学の歴史』第二巻、一二三六頁(典拠なし)。
(161) リエージュの武器工業の歴史についての最良の本は、これまでアルフォンス・ポランの特殊研究「リエージュ地方の火器試験に関する歴史的研究」とされている。この論文にもとづきA・スウァルネが(簡単な)歴史的概観を行っている。その題名は「リエージュの武器工業における地元労働力」で、F・N・O年鑑、第一二巻にのっている。それに、M・アンシオー『リエージュ兵器製造所』(一八九九年)がある。
(162) M・トゥガン・パラノフスキー『ロシアの工場の歴史』(一九〇〇年)、一四頁。
(163) R・ホセ・アランテギ『十六世紀初頭のスペインの砲兵に関する歴史的素描』(一八九一年)でこれはC・F・デュロ『スペイン無敵艦隊』初版、三三一頁に引用されている。
(164) キャムデン『ブリタニア』(一五九〇年編)、二二七頁。
(165) アンダーソン『商業の起源』第二巻、二二〇頁の抜粋で伝えられている著述による。
(166) アンダーソン、前掲書、第二巻、三三七頁にみられる。リーマー、第一九巻、八九頁。
(167) M・オッペンハイム『イギリス海軍の行政史』一五九頁。
(168) D・ヒューム『イギリス史』第六巻(一七八二年)、一八一頁。

(169) L・ベック『鉄の歴史』第二巻、七八六頁以下に見られる文献。
(170) L・ベック『鉄の歴史』第三巻、六〇六頁。
(171) Ch・ド・ラ・ロンシェール『フランス海軍史』第四巻（一九一〇年）、六一八頁にみられる文献。
(172) G・マルタン『ルイ十四世治下の大産業』に引用されているクレマンの『コルベールの書簡』第二巻、五〇、四一五頁。
(173) G・マルタン、前掲書、一八四頁以下。
(174) R・ホセ・アランテギの前掲書。C・F・デュロ『スペインの無敵艦隊』第一巻、三二九頁に出てくる。
(175) 『新設の武器庫』（一七〇一年）、一一二頁。
(176) M・オッペンハイム『イギリス海軍の行政史』一五九頁に見られる公文書、第二一巻、五六頁。
(177) M・オッペンハイム、前掲書、九七頁に見られる文献。
(178) M・オッペンハイム、前掲書、一〇八頁。
(179) カニンガム『イギリス商工業の発達』第二巻、六〇頁以下。
(180) G・プラート、前掲書、三一三〜三一四頁。
(181) ロジャーズ『農業と価格の歴史』第四巻、四八八頁。
(182) 「シュヴァーベンの歴史的状況のための雑誌」第九号、二〇七頁に見られるF・ドーベル「ヤーコプおよびアントン・フッガーの鉱業と商業について」。
(183) H・ジーモンスフェルト『ヴェネチアのドイツ人商館』第一巻、三二四頁に見られる記録、五九七頁。
(184) E・シュー『フランス海軍史』に再録されている、一六六七年五月十一日付の勅令。
(185) R・エーレンベルク『フッガー家の時代』第一巻、三九六頁以下。
(186) R・エーレンベルク、前掲書、第一巻、一二二頁。

(187) F・ドーベル「フッガー家のハンガリーにおける鉱業と商業」。これは「シュヴァーベンの歴史的状況のための雑誌」第六号、三四頁以下に出てくる。
(188) R・エーレンベルク、前掲書、第二巻、二五四頁。
(189) F・ドーベル、前掲論文。
(190) R・エーレンベルク、前掲書、第一巻、二三四頁。
(191) G・マルタン『ルイ十四世』一八四頁。
(192) ジョージ・R・ルイス『錫鉱山』(一九〇八年)、第七章と付録のJ。
(193) ハリー・スクライブナー『鉄取引の歴史』初版(一八五四年)、五七頁。ユラシェック『国家学ハンドブック』第三巻。ここでは「鉄」がわずか七〇〇〇トンとなっている。それが、いったいどんな根拠にもとづいていたのかはわからないが、とにかくスクライブナーが伝えた数字が一般に受け入れられている。
(194) ラードナー『キャビネット・キクロペディア』第一巻、第四章。
(195) L・ベック『鉄の歴史』第三巻、一六六頁。
(196) L・ベック、前掲書、第二巻、七四九頁に見られる。
(197) A・ハスラッヒャー『ザール河畔の工業地帯』(一八七九年)。
(198) M・マイヤー『スウェーデンの製鉄組織の一層正確な知識への寄与』(一八二九年)。
(199) G・ヤールス『冶金の旅』第一巻(一七七二年)、一六七頁以下。
(200) L・ベック、前掲書、第三巻、三八〇頁。
(201) L・ベック、前掲書、第二巻、九九一頁。
(202) G・マルタン、前掲書、一八四頁。
(203)「海軍に関するコルベール氏の原則」(一六六七年五月十一日付)。これはシューの前掲書、第一巻、二八二頁に見られる。

(204) M・オッペンハイム『イギリス海軍の行政史』、一五九頁。
(205) さらにロジャーズ『農業と価格の歴史』第五巻、七三、四七九頁を参照のこと。
(206) デイヴィッド・ブレムナー『スコットランドの産業』（一八六九年）、四〇頁。
(207) ブレムナー、前掲書、四六頁。
(208) これはマック・ゼーリング『プロイセン――ドイツの鉄関税の歴史』（一八八二年）、一六九頁に再録。
(209) L・ベック、前掲書、第三巻、七四八頁。
(210) L・ベック、前掲書、第三巻、六〇一頁以下。

第四章　軍隊の給養

(211) H・デルブリュック『戦術史』第三巻、六〇八〜六〇九頁。
(212) M・ギローム、前掲書、一三四、四〇〇頁。
(213) ヴァレンシュタイン軍の給養について（ともにあまり正確ではないが）次の両書が教えてくれる。J・ハイルマン『三十年戦争当時の軍隊組織』（一八五〇年）。V・レーヴェ『ヴァレンシュタイン軍の組織と管理』（一八九五年）。参考になるのは、F・フェルスター『ヴァレンシュタインの生涯』（一八二四年）（なお本書には重要な資料が見受けられる）。
(214) フランスの軍事委員会の歴史的発展についてのくわしい記述は、わたしの知るかぎり、ド・シャンヌヴィエール『軍事委員会の役員ならびに有力者全員に必要な軍事詳論』第一巻（一七五〇年）、九二頁以下に見られる。もちろん、ブタリックの著作もこの問題を扱っている。
(215) K・G・ヴァイゼ『プロイセン王国軍隊の野戦兵站部について』（一七九四年）。
(216) H・デルブリュック『戦術史』第三巻、六〇八〜六〇九頁。
(217) ブタリック『フランスの軍隊制度』二七七〜二八〇頁。

(218) G・ドロイセン「三十年戦争の時期におけるドイツの軍制度史への寄与」。これは『文化史』誌、第四号(一八七五年)、六二三頁以下にのっている。
(219) ブタリック、前掲書、二七七頁。
(220) ブタリック、前掲書、三二一頁、大英博物館所蔵の一一五四二番の資料による。
(221) ヤニー「古い軍隊の端緒」五八頁。
(222) これは、リヒトホーフェン男爵「軍事予算」。これは『将校ハンドブック』第五巻(一八三九年)、四三三頁以下に再録されている。
(223) V・フレミング『ドイツの兵士』二五二〜二六〇頁に見られる。
(224) ブタリック、前掲書、三八四頁。
(225) 「アクタ・ボルシカ」誌にのっている「穀物取引政策」第二巻、二七二頁。
(226) 「アクタ・ボルシカ」誌、前掲部、第二巻、八七頁以下。
(227) E・ハイク『ジェノヴァとその海軍』一五八、一六〇、一六九頁。
(228) 「海軍に関するコルベール氏の原則」。これはE・シュー、前掲書、第一巻、三一七頁に再録。
(229) 『クローズ・ロルズ』の一五と七一頁。『ジョン』の一五八頁。いずれもレイアード・クラウズ、前掲書、一一九頁に見られる。
(230) 『クローズ・ロルズ』四八頁。
(231) E・ハイク『ジェノヴァとその海軍』一七七頁。
(232) M・オッペンハイム『イギリス海軍の行政史』八二頁にある公文書記録(一五四五年八月二十日付)。
(233) デュロ『スペイン無敵艦隊』の記録一〇九。
(234) 公文書記録、第三〇号、一〇頁。オッペンハイム、前掲書、三二五頁。
(235) J・C・デ・ヨンヘ前掲書『オランダ海軍の歴史』三一頁および図表I。

(236)　E・ハイク『ジェノヴァとその海軍』六五頁以下。
(237)　ハイクの前掲書に引用されている(一二九頁他)。
(238)　公文書記録、第一一二号、一九頁。これはオッペンハイムの前掲書、一三七頁に見られる。
(239)　M・オッペンハイム、前掲書、五六頁に伝えられている。
(240)　M・オッペンハイム、前掲書、七四頁。
(241)　C・W・ヘンネルト『フリードリヒ三世治下のブランデンブルク、戦争史への寄与』(一七九〇年)、一五頁。
(242)　「アクタ・ボルシカ」誌、第一巻、第二章、二八五頁。
(243)　「アクタ・ボルシカ」誌、第一巻、第二章、二七八頁。
(244)　「アクタ・ボルシカ」誌、第一巻、第二章、二九七頁。
(245)　デュプレ・ドルネ『一般論述』第一巻、一六五頁。
(246)　ノーデのまとめによる、A・B・2、二九五、二九六頁。
(247)　書簡は、F・フェルスター『ヴァレンシュタインの生涯』(一八三四年)に再録されている。
(248)　「アクタ・ボルシカ」誌、第二巻、三五八頁以下。
(249)　「アクタ・ボルシカ」誌、第二巻、二八四、二八五、二八七頁。
(250)　ダーフィットゾーン『フィレンツェ経済史探究』第三巻。
(251)　O・プリングスハイム『オランダの経済的発展への寄与』(一八九〇年)、一八頁。
(252)　少なくとも、リシャール『アムステルダムの軍人』(一七二三年)、六五頁では、そのようにこの言葉が解釈されうる。
(253)　シュトーフ『ロンドンの描写』(一五九八年)。これは「アクタ・ボルシカ」誌、第一巻、九一、九二頁に引用されている。

(254) デフォー『完全なイギリス商人』第五版（一七四五年）、第二巻では二六〇頁。
(255) G・アファナシエフ『十八世紀フランスの穀物取引』（一八九四年）、第一～第六章。
(256) 「アクタ・ボルシカ」誌、第一巻、四五、四七、第二巻、一五一頁。
(257) 「アクタ・ボルシカ」誌、第一巻、四三二頁。
(258) 一六三〇年のヨースト・ウィレムソン・ミケルケ著のパンフレットによる。「アクタ・ボルシカ」誌、第一巻、三六三頁。
(259) 「アクタ・ボルシカ」誌、第一巻、四三二頁。
(260) G・プラート『スペイン継承戦争の戦費と一七〇〇年より一七一三年にいたるピエモンテの公共支出』二九七頁。この著作は、他の多くの点でも戦争と富との関係についてきわめて豊富な洞察を提供してくれる。
(261) 「アクタ・ボルシカ」誌、第二巻、二八九頁。
(262) T・ゲーリング『バーゼル市の商工業』（一八八六年）、五四二頁。
(263) J・シャーノック、前掲書、第二版、二一六～二一七頁。
(264) この契約は、リーメル『フェロデーラ』第一七号、四四一頁以下に再録されている（一六三六年についても類似のものが見受けられる）。第二〇号、一〇三頁。アンダーソンの著書には、一六二二年と一六三六年分について抜粋がかかげられている。
(265) レイアード・クラウズ、前掲書、第二巻、一〇四、二三一頁に見られる典拠。
(266) X・アンドウアン『戦争の管理』第二巻（一八一一年）、四六頁以下。
(267) 一七六一年から一七七〇年にいたる陸軍当局から国王に提出された計算書にもとづく。ショワズール『回想録』初版、一一四頁。これはブタリックの前掲書、四三八頁に出てくる。
(268) イギリス王立歴史学会の会報、新シリーズで、第九号（一八九五年）、六七頁に見られるアリス・ローが執筆した「十四世紀のイギリスの新興成金」。
(269) H・ホール『エリザベス時代の社会』第四版（一九〇一年）、一二六頁。
(270) デフォー『完全なイギリス商人』（一七二七年）、三〇七節。
(271) 『暴露』（一七九九年）、四二七頁。
(272) L・ウォルフ『最初のイギリスのユダヤ人』。これはイギリス・ユダヤ歴史学会の会報第二巻から再録。参照すべきものは、A・M・ヒャムソン『イギリスにおけるユダヤ人の歴史』（一九〇八年）、一七一〜一七三頁。
(273) ヒャムソン、前掲書、二六九頁。J・ピキオット『イギリス・ユダヤ人の歴史素描』（一八七五年）、二五八頁。
(274) Th・L・ラウ『君主の歳入と購入の制度』（一七一九年）、二五八頁。
(275) G・リーベ『ユダヤ主義』（一九〇三年）、七五頁に引用されている。
(276) ユダヤ・エンサイクロペディアの「銀行業」の項目。
(277) 一七三三年三月二十四日の「メスのユダヤ人の回想」。それが抜粋の形で、マウアー　ブロッホ『歴史上のユダヤ人と国家の繁栄』（一八九九年）、三五頁に引用されている。
(278) ブロッホ、前掲書、二三頁に引用。
(279) ブロッホ、前掲書、二四頁に出てくる、委任状の抜粋。
(280) グラディス家については、Th・マルヴザン『ボルドーのユダヤ人』（一八七五年）、二四一頁以下およびH・グレーツが執筆した月刊誌、第二四号（一八七五年）、第二五号（一八七六年）所載の「グラディス家」がある。両者は、良質な典拠に準拠した記述で、たがいに独立して書かれている。
(281) M・カプフィーグ『銀行家御用商人』（一八五六年）、六八、二一四頁その他多数。
(282) ポンディ『ボヘミアにおけるユダヤ人の歴史』第一巻、三八八頁。

(283) 三つのケースのすべてを、わたしは文献を明記していない。G・リーベ『ユダヤ主義』(一九〇三年)、四三〜四四頁、七〇頁から採用した。
(284) ケーニッヒ『プロイセン国家とくにマルク・ブランデンブルクにおけるユダヤ人年代記』(一七九〇年)、九三〜九四頁。
(285) 「一七一九年七月七日、ハルバーシュタットにおけるグスタフ皇太子騎兵連隊の軍服と装備」。これは『衣服の歴史』第二巻、三五七頁に再録されている。
(286) 一七七七年六月二十八日付の勅令は、アルフォンス・レヴィ『ザクセンのユダヤ人』(一九〇〇年)、七四頁と、S・ヘンレ『旧アンスバッハ大公国におけるユダヤ人の歴史』七〇頁に再録されている。
(287) 「観察点」誌、第二号(一七三九年)、一〇八頁。これは、ベッカー『ユダヤ人時代から』(一八七七年)、三六頁に引用されている。
(288) 「フィランデルス・フォン・ジッテンバルトの歴史」。これは告発書に類するものである。ハンス・ヴィルヘルム・モシェロシュ、フォン・ヴィルシュテットの著書(一六七七年)、七七二頁に所載。
(289) F・フォン・メンジ『一七〇一〜四〇年のオーストリアの財政』(一八九〇年)、一三二頁以下。
(290) たとえばオーストリア宮内省の一七六二年五月十二日付の覚書を見よ。これはヴォルフの『ウィーンにおけるユダヤ人の歴史』七〇頁にのっている。また『ハンガリーのイルントラーク地区文庫』第一二巻の三三三六号(モラビア編)がある。さらにJ・ライツマン氏の証言にもとづく「ブレスラウのユダヤ人によるラープ、オーフェン、コモルン各要塞の給養」(一七一六年)。いずれもヴォルフ、前掲書、六一頁にのっている。
(291) H・フリーデンワルト「大陸会議日誌にのせられたユダヤ人」『アメリカ・ユダヤ人史学会誌』第一号、六五〜八九頁。
(292) 『将校ハンドブック』第五巻(一八三九年)、五五五頁以下にみられる十八世紀における軍用製パン所の記述。

(293) G・プラート、前掲書、二九二頁。

第五章　軍隊の被服

(294) M・ギローム、前掲書、一四〇頁に引用。

(295) M・オッペンハイム、前掲書、一三八、一三九頁に引用。

(296) レイアード・クラウズ、前掲書、第二巻、二〇頁に引用。

(297) M・オッペンハイムの前掲書、三二九頁に見られる一六五五年十二月十一日と一六五六年九月の記録。

(298) L・マンシオン『アンシャン・レジームの軍隊』（一九〇〇年）、三六頁。

(299) F・グロース『イギリス陸軍にまつわる軍隊の古い慣習』第一巻（一八一二年）、三　〇頁。フォーテスク『イギリス陸軍の歴史』第一巻、三八三頁に出てくる手書きの文献。

(300) L・マンシオンの前掲書、二五五頁に引用。

(301) 『プロイセン軍隊の被服の歴史』第二部「甲騎兵、竜騎兵」（C・キリング編）（一九〇六年）、三～四頁。

(302) ヤニー「古い軍隊の端緒」三三頁。

(303) リヒトホーフェン男爵「軍事予算」。これは『将校ハンドブック』第五巻（一八三九年）、六二八頁以下に出てくる。

(304) 『衣服の歴史』第二巻、二一二頁と次頁に再録されている。

(305) F・グロース、前掲書、第一巻、三一〇頁以下。

(306) H・ホール『エリザベス時代の社会』第四版（一九〇一年）、一二七頁。

(307) L・マンシオン、前掲書、二五五頁に引用。

(308) L・マンシオン、前掲書、二六一頁に引用。
(309) リヒトホーフェン男爵「軍事予算」。
(310) J・ハイルマン『三十年戦争時代における皇帝軍、スウェーデン軍の軍隊組織』(一八五〇年)、一八頁。
(311) ハウゼン『歴史の紙ばさみ』第四巻(一七八五年)、六八〇頁。これは『衣服の歴史』第二巻、二一三頁に再録。
(312) 『衣服の歴史』第二巻、四頁。同書の付録四一、四二、四三頁。
(313) ヤニー「古い軍隊の端緒」一五頁に引用されている。プリーバッチュ『アルブレヒト・アヒレス選帝侯の政治的書簡』第二版、二六六頁。
(314) J・W・フォーテスク『イギリス陸軍の歴史』初版(一八九九年)、一一一頁、一三五頁も参照のこと。
(315) Ch・ド・ラ・ロンシェール『フランス海軍史』第二版(一九〇〇年)、四五九頁。
(316) J・ライツェンシュタイン男爵、前掲書、第一巻、一五三頁。
(317) ヤニー「古い軍隊の端緒」四五〜四六頁。
(318) Th・ムースフェルト『ハンブルク市民兵雑録』。これは、R・クネーテル編『軍服事情ハンドブック』(一八九六年)、第八号の叙述に見られる。
(319) 『衣服の歴史』第二巻、二二六頁に引用されているリューニヒ『儀式的、歴史的、政治的劇場』第一巻(一七一九年)、八九〜九〇頁。
(320) リーベ『ドイツの昔の兵士』三〇一頁。
(321) 『衣服の歴史』第二巻、二〇一頁に引用されている、フリードリヒ二世『ブランデンブルク家の歴史に寄与する覚書』(一七六七年)。

(322) リーベ、前掲書。
(323) 『衣服の歴史』第二巻、付録六五頁。
(324) X・アンドアン『戦争行政の歴史』第三巻（一八一一年）、五二頁。ド・シャンヌヴィエール、前掲書、第二巻（一七五〇年）、一一六頁以下。ブタリック『フランスの軍隊制度』三五九、四二五頁。
(325) フォーテスク、前掲書、第一巻、二一三頁に引用。
(326) レイアード・クラウズ、前掲書、第三巻、二〇頁に引用。
(327) ケーニッヒ『プロイセン王国陸軍の新旧奇談』（一七八七年）、二四頁。これは『衣服の歴史』第二巻、二一一頁に引用されている。
(328) ヤニー「古い軍隊の端緒」四五～四六頁。
(329) 『衣服の歴史』第二巻、三頁。
(330) A・V・クロウザッツ『一六四〇年から一六六五年にいたるブランデンブルク‐プロイセン軍の組織』第一巻（一八六五年）、一一頁以下。
(331) ブルグスドルフ大尉のシュヴァルツェンベルクあての手紙、ベルリン、一六二〇年十月十六日付、ベルリン国立記録保管所。これは『衣服の歴史』第二巻、四〇頁、付録一六頁に再録。
(332) 『衣服の歴史』第二巻、付録一五九頁に再録。
(333) C・W・ヘンネルト『選帝侯フリードリヒ三世治下のブランデンブルク戦争史への寄与』（一七九〇年）、一二頁。これはリヒトホーフェン男爵「軍事予算」四九五頁に見られる。
(334) A・V・クロウザッツ、前掲書、四五頁。
(335) G・プラート、前掲書、三〇二頁。
(336) F・グロース、前掲書、第一巻、三一五頁。
(337) シュモラー『概観』五一四頁。

(338) フリードリヒ大王著作集、第一巻、二三四頁。これは「概略誌」五二二頁に引用されている。
(339) カニンガム『発展』第二巻、九六九頁。
(340) ベルリンのロシア商社に関連するすべては「プロイセンの歴史・地理雑誌」第二〇号にのっているシュモラーの同名の論文による。またこれは『概観』の四五七〜五二九頁に再録されている。
(341) ミラボー『プロイセン王国』第四巻（一七八七年）、第二章、一二三頁。
(342) ジェイムズ『イギリスの毛織物工業の歴史』（一八五七年）、二八七頁。
(343) E・ルヴァソー『フランスの労働者階級と工業の歴史』第二巻（一九〇〇年）、三二四、三三一、三八一頁。
(344) G・マルタン『ルイ十五世』一一九、一二〇頁。
(345) アーサー・ヤング『政治算術』九一頁。参照すべきは、G・V・ギューリッヒ『商業の歴史的記述』第一巻（一八三〇年）、九七頁。
(346) H・ホール『エリザベス時代の社会』一二六頁。
(347) ヴァレンシュタインからタキシス陸軍大尉への書簡、一六二六年六月十三日、アッシャースレーベンにて。これは『将校ハンドブック』第五巻、四三九頁に再録。
(348) ヴァレンシュタインからタキシスへの書簡、一六二七年八月六日ノイスにて。ハイルマンの著書、付録四に再録。
(349) 『衣服の歴史』第二巻、二一一頁に引用されているメイナルドゥス『プロテスタントと宗教』第三巻、五六七頁。
(350) 『衣服の歴史』第二巻、二〇五頁以下に再録。
(351) シュモラー『概観』四六八、四八四頁。
(352) 大英博物館のハーレイアン・コレクションは、一六九三年におけるキャッスルトン卿と、呉服商フランシス・モリノー氏との間の契約書を含んでいる。

(353) シュモラー『概観』四六三頁以下。

(354) ベルリンにある「倉庫」の正確な記述はベルギウス編『新政策と国庫』誌、第六号（一七八〇年）、一六一頁以下にある。

(355) シュモラー『概観』四八七頁。

(356) M・トゥガン・バラノフスキー『ロシアの工場の歴史』（ドイツ語版は一九〇〇年）、四頁。

(357) H・ホール『エリザベス時代の社会』一二四頁。

(358) 一六五五年十二月十一日付の記録による。M・オッペンハイム、前掲書、三二九頁。

(359) 『商人階級の一般的財宝録』第二版（一七四七年）、一二、一三と一四頁。

(360) 『全商業の一般記述』五一頁。G・マルタン『ルイ十五世』二二八頁の記録による。

第六章　造船

(361) 「海軍に関するコルベール氏の原則」から。この章で、しばしば文献として利用されるこの覚書は、その頃は完全に海軍記録保管所におさめられていた海軍省文書にもとづき、モールパ伯爵を長とする海軍省内関係者により編纂された。この覚書は、E・シュー『フランス海軍史』第一巻（一八三五年）二八七頁に再録されている。

(362) 最初の五つの評価をオッペンハイムが同時代の文献にもとづいて伝えている。最後の数字は、東インド会社の「計算書」からとられたもので、アンダーソンの著書に見受けられる。

(363) D・ブレムナー『スコットランドの産業』（一八六九年）、六〇頁。

(364) E・シュー『フランス海軍史』第一巻、三四四頁に伝えられている。

(365) わたしのその数字を借用したアンダーソン（『商業の起源』第二巻、二九九頁）は、文献として「ある商業関係の著述」をあげている。彼自身は評価があまりにも低すぎると考えている。しかし彼の反論はさほど重要ではない。

(366) ポストルスウェイト『商業辞典』のなかの「ミドルエセックス」の項目、第二巻(一七五八年)、二五六頁。

(367) ポストルスウェイト『商業辞典』第二巻、三三五頁。

(368) ポストルスウェイト、前掲書、第二巻、二五六頁に見られる税関の一般記録によると、この数字はかなり正確に計算されている。

(369) アンダーソン『商業の起源』第四巻、六五九頁。

(370) E・バーシュ『十六世紀末から十七世紀中葉にかけてのハンブルク市の航海と商品取引』。これはハンブルク歴史協会の機関雑誌、第九号(一八七四年)、二九五頁以下にのっている。

(371) アンダーソン、前掲書、第二巻、二一一頁に引用されている。

(372) アンダーソン、前掲書、第二巻、四四三頁に引用している前述の覚書による。

(373) G・C・フレルク・デ・ロイス『オランダ東インド会社概観』(一八九四年)、一一六頁以下。

(374) P・ケプラン『フランス東インド会社』(一九〇八年)、一〇、一二、一三七頁。

(375) 名前があげられたアンダーソンのリストによる、第三巻、三二四頁。

(376) ポストルスウェイトの前掲書のなかの項目「航海」を見よ。

(377) J・ベックマン『経済への寄与』第三巻(一七八〇年)、四三九〜四四〇頁。

(378) J・ベックマン、前掲書、第六巻(一七八二年)、四一六頁以下にのっている「会社の承諾」のパラグラフ四を見よ。

(379) 「スペイン無敵艦隊の敗北」に関する公文書。これはレイアード・クラウズ『イギリス海軍』第一巻、五八八〜五九七頁にのっている。

(380) 海軍省会計局のリストから。これはレイアード・クラウズ『イギリス海軍』第二巻、七頁にのっている。

(381) M・ダンフレビール氏の一六六六年七月二十七日付の回想。これはE・シュー、前掲書、第一巻、三四七頁にのっている。

(382) イギリス海軍の状態に関するピープスの回想録のなかのリストによる。レイアード・クラウズ、前掲書、第二巻、二四四頁。

(383) D・ブレムナー『スコットランドの産業』(一八六九年)、五五頁に引用されている。

(384) M・オッペンハイム、前掲書、八五頁にみられる一五二二年七月十七日付の記録。

(385) E・ハイク『ジェノヴァとその海軍』一一五頁。

(386) これとこれに先行する数字は、M・オッペンハイム、前掲書、六五、一一〇頁にある公文書記録などを参照。

(387) シャーノック『海軍建築の歴史』第二巻、四六二頁。

(388) A・ヤールの前掲書、第二巻(一八四〇年)に発表され解釈された「マグリアベキアーナ」文庫の記録より。

(389) これはシュモラーの年鑑、第二一号、一三二頁にジーフェキングにより部分的に伝えられているところのバーゼル大学図書館所蔵のアンドレアス・リフの旅日記(七四号より)。

(390) レイアード・クラウズの前掲書、第一巻、一二〇～一二一頁に見られる。最終巻10・II・III・2の五〇頁。

(391) 同じく最終巻10・H・III・mの一六、一七、二五頁。

(392) M・オッペンハイム、前掲書、六八節。

(393) シャーノック『海軍建築の歴史』第二巻、九六頁以下。

(394) レイアード・クラウズ、前掲書、第一巻、四〇五頁。

(395) M・オッペンハイム、前掲書、九七頁。
(396) シャーノック、前掲書、一四〇頁。
(397) M・オッペンハイム、前掲書、一一九頁。
(398) E・シュー、前掲書、第一巻、三七六頁に再録されている、トゥーロン軍港海軍監督官ダンフレビールの回想録。
(399) Ch・ド・ラ・ロンシェール『フランス海軍史』第四巻、六一六頁に伝えられている。
(400) M・オッペンハイム、前掲書、三三九～三四〇頁。
(401) 「海軍に関するコルベール氏の原則」、E・シュー、前掲書、二九七頁。
(402) M・オッペンハイム、前掲書、一二八頁に見られる記録。
(403) M・オッペンハイム、前掲書、二〇八頁。
(404) クリューニッツ『百科事典』の海軍艦隊の項目、第五〇巻、三六六頁。
(405) クリューニッツ、前掲書。
(406) M・オッペンハイム、前掲書、二六〇頁、レイアード・クラウズ、前掲書、第二巻、六頁に見られる公文書記録、二八七号、七三頁。それに記録一七〇三～一七七七。
(407) シャーノック『海軍建築の歴史』第三巻、一二六頁。
(408) A・ヤール、前掲書、第二巻、六頁。
(409) M・オッペンハイム、前掲書、五三頁。
(410) P・J・マルペルガー『新設の製造所』(一七〇四年)、一四二頁。
(411) 一六一八年の年報。シャーノック、前掲書、第二巻、二五六頁。
(412) シャーノック、前掲書、第二巻、二一三頁。
(413) シャーノック、前掲書、第二巻、一八五頁。

(414) シャーノック、前掲書、第二巻、一九一頁。
(415) M・オッペンハイム、前掲書、二五七頁。
(416) クリューニッツ、前掲書、第五〇巻、三五四頁以下。
(417) クリューニッツ、前掲書、第五〇巻、三六六〜三六七頁。
(418) M・オッペンハイム、前掲書、九七頁。
(419) E・シュー『海軍に関するコルベール氏の原則』、第一巻、二九八頁。
(420) E・シュー『海軍に関するコルベール氏の原則』、第一巻、二九四頁。
(421) E・シュー『海軍に関するコルベール氏の原則』、第一巻、三〇一頁。
(422) E・シュー『フランス海軍史』第四版、一七〇頁。
(423) シャーノック、前掲書、第二巻、一六八頁。
(424) シャーノック、前掲書、第二巻、二一八頁に再録されているところの海軍の状態を探究するため任命された委員会の報告から（一六一八年）。
(425) ロシアの商社に関する数字のすべては、W・R・スコット『一七一〇年にいたるイギリス、スコットランド、アイルランドの株式会社の構成と財力』第二巻、「外国貿易と植民地における漁業、鉱山業」（一九一〇年）から採用された。これまで第二巻と第三巻が出版されているこのすばらしい、とてつもなく材料の豊富な労作に注意を促すためにこの機会を利用させてもらう。
(426) M・ダンフレビールの回想録、E・シュー、前掲書の三四八頁、『海軍に関するコルベール氏の原則』、E・シュー、前掲書、第一巻、三三五頁。
(427) 英文図書『全ての貿易の一般的記述』（一七四五年）、一八〇〜一八一頁を見よ。
(428) M・トゥガン・バラノフスキー『ロシアの工場の歴史』（ドイツ語版、一九〇〇年）の一四頁にのっている、一七二九年の「工場と製造所の公式目録」より。

訳者あとがき

本書は、ヴェルナー・ゾンバルト『戦争と資本主義』Werner Sombart, *Krieg und Kapitalismus*（一九一三年）の全訳である。テキストとしては、ドゥンカー&フムブロート出版社 Verlag von Duncker & Humblot（ミュンヘンおよびライプチヒ、一九一三年）版を使用した。

本書は、第一次大戦（一九一四〜一八年）の開始直前に出版された。その後、二つの世界大戦を経たわれわれにとっては、いささか古めかしい研究に思われるかもしれない。だが戦争と近代資本主義との密接な関係についてのゾンバルトの見解のなかには、現代的な意義をもちつづけている要素もある。したがって、いまだに世界の各地で、戦火の絶えない現代の人々にとっても、本書は大いに参考になるものと思われる。

ゾンバルトの略歴

ゾンバルトは、一八六三年一月十九日、ドイツのライプチヒ西方メルゼブルク県の小都市エルムスレーベンに生まれた。父アントン・L・ゾンバルトは勤勉な農場主で一八七一年のドイツ第二帝国成立後、帝国議会の議員にもなった。ゾンバルトは十二歳のとき父とともにベルリンに移り、同地のギムナジウムに入った。その後、一八八二年、ベルリン大学に入学した彼は、社会政策の主唱者であるグスタフ・フォン・シュモラーとアドルフ・ヴァーグナーの二人の教授の謦咳《けいがい》に接しその影響を深く受けるとともに、マルクスの『資本論』の経済発展の理論に共鳴した。

一八八五年、ベルリン大学を卒業した彼は、ただちにイタリアのピサ大学に遊学し、イタリアの貧しい農村地帯の諸問題に興味を抱いた。彼の処女論文はこの問題を扱った『ローマのカンパーニャ論』（一八八五年）である。一八八八年に帰国した彼は、母校ベルリン大学から学位を授与されたものの、首都では教職に就くことができず、シュレジエンのブレスラウ（今のポーランド領ブロツワフ）の大学で、十六年間、員外教授として活動した。

しかし彼は『社会主義と社会運動』（一八九六年）、主著である『近代資本主義』（一九〇二年）などの著述によって一躍有名学者となり、一九〇六年、ベルリン商科大学の教授に、さらに一九一七年、ついに母校のベルリン大学に招かれ、その年に死去した恩師、アドルフ・ヴァーグナーの後任教授となった。一九三一年、再びベルリン商科大学に戻って活動をつづけたゾンバルトは、晩年には『人間について』などの著述に取り組み、第二次大戦が始まった翌々年の一九四一年五月十八日、ベルリンで没した。

ゾンバルトの資本主義観

ゾンバルトは若い時、マルキシズムに傾倒したとはいえ、しだいにこれと対立する精神史観をとり入れ、資本主義の発展の源泉の一つを近代経済人の精神的な活力にあると見た。彼の主著や近代経済人の精神史をあつかった『ブルジョワ』（一九一三年。邦訳、金森誠也訳、中央公論社、一九九〇年）によれば、まず初期資本主義の時代においては冒険心あふれるヨーロッパの企業家、投機業者、大航海者などが一攫千金を夢見て、まさにファウスト的衝動に駆られて活動し、資本主義体制の確立に一役買った。

他方、広い市民層のなかから、冒険家とはちがって、まともな着実な方法で富を得ようという努力が生まれた。家政をきちんと整え、従来、ともすれば支出が多かった経済を収入がそれを上まわる実りのある経済に建てなおそうという健全な態度がそれである。それらの人々の中核は、新旧キリスト教徒、それにユダヤ人であったと、ゾンバルトは説いた。

マックス・ヴェーバーは前世紀はじめ、『プロテスタンティズムの倫理と資本主義の精神』のなかで、資本主義の発展がプロテスタント、とくにピューリタンの倫理的精神との関係が深いことを説いた。これに対しゾンバルトは初期のプロテスタントの生活態度はあまりにも禁欲的であり、清廉を重んじすぎるあまり、逆に資本主義の発達を阻害した反面、ユダヤ人が、持ち前の助言者、忠言者としての才能を発揮し、とくに金融面で王侯や富者を援助し、資本主義の発展に寄与したと述べた。王侯をファウストとすれば、ユダヤ人はさしずめメフィストフェレスの役割を果たしたことになる。この間の事情については彼の著書『ユダヤ人と経済生活』（一九一一年。邦訳、金森誠也・安藤勉共訳、荒地出版社、一九九四年）にくわしい。

　ところでゾンバルトによれば、冒険的企業家の要素と堅実な市民的要素の合体によって近代資本主義は発展し、とくに産業革命によって高度資本主義の花を咲かせたものの、第一次大戦の勃発によってこれも終わりをつげた。ゾンバルトは晩年、その後の資本主義は「盲目の巨人の歩み」にも似て経済的弾力性を失ったと、著しく悲観的見方をするようになった。

　ともあれ、ゾンバルトは資本主義の発展に前述の人間的、精神的な要素とともに、奢侈と戦争という二つの要素があずかっていたことを二つの特殊研究によって示した。そのうちの一つは、一九一三年の『恋愛と贅沢と資本主義』（邦訳、金森誠也訳、講談社学術文庫、二〇〇〇年）である。そのなかでゾンバルトは、近代ヨーロッパの人々を奢侈にふけらせた原動力は女性であると断じ、女性めあての奢侈こそ資本主義発展の前提の一つであるとした。ゾンバルトはフランスのルイ十四世が愛妾のためにヴェルサイユ宮殿を建てるなどの浪費をしたこと、興隆した市民階級の人々の贅沢も王侯貴族のそれにひけをとらず、とくに劇場、ホテル、レストランなど女性との情事の場所づくりに狂奔し、関連産業をうるおわせたことなどを述べている。シュモラーは、こうしたゾンバルトの見解を「繊細で、審美的な、快楽主義、唯物主義」と断じているが、けだし名言であろう。

戦争と資本主義

　ところで資本主義を助長したもう一つの要素は戦争であると、ゾンバルトは説いた。彼が一九一三年に発表した本書『戦争と資本主義』によれば、普通、戦争は文化や経済を破壊し、したがって資本主義の成果にも大損害を与えると見られているけれども、実は資本主義を大いに促進している。とくに近代国家の軍隊は戦争のたびごとに武器弾薬、食糧、衣服(軍服)、船舶などを整備充実させたために資本主義関連産業の改良発展を大いに促した。

これについてゾンバルトは本書の序文のなかで次のように述べている。

「戦争がなければ、そもそも資本主義は存在しなかった。戦争は資本主義の組織をたんに破壊し、資本主義の発展をたんに阻んだばかりではない。それと同時に戦争は資本主義の発展を促進した。いやそればかりか——戦争はその発展をはじめて可能にした。それというのも、すべての資本主義が結びついているもっとも重要な条件が、戦争によってはじめて充足されたからである」。

彼によれば、近代の軍隊に内在する拡大傾向は、もっとも重要な経済的作用を生み出してゆく。もし他の状況が変わらないとすれば、戦争に備える軍隊が大きくなればなるほど、食糧などの大量需要がいち早く出現するからである。とくに、大作戦は、大量の武器を必要とするために関連産業の成長を促す傾向がある。

たとえば、軍隊の新型武器購入が増え、大砲、小銃、それに弾薬の製造などが発達すれば、これに関連する製鉄、製銅業が大いに伸長する。とくに、工作機械の発達は大砲生産の拡大のおかげである。

次に軍隊の給養の問題だが、ヨーロッパでは十七世紀はじめの三十年戦争の頃から、すでに大量の食糧を国家が買いつけていた。そのため穀物需要は増え、農業は大農式となり、アムステルダムやダンツィヒを拠点とする国際穀物交易が盛んになった。これは農業面における資本主義の促進を意味する。

　被服については、軍服のユニフォーム化が進み、大量生産が実現した。織物工業は、軍服生産のために手工業的段階から、一挙に近代的生産方式に移行した。また軍艦の巨大化、量産化につれて、造船でも大がかりな近代化が進められた。さらに当然のことながら、戦争はいずれも資本主義と結びついている近代国家組織、植民地経営の発展を促した。

きめこまかい描写

　ゾンバルトの特色の一つは、他の著作でも同様だが、記述がけっして抽象的でなく、また、数字の羅列におわることなく、生彩ある具体的描写に富んでいることである。たとえば、近代の戦争において年を経るごとに重要性を増していった小銃の発達についての記述に、その特色がはっきりとうかがわれる。ゾンバルトはこれについて、おおよそ次のように述べている。

「最初の銃砲の使用は十四世紀にさかのぼる。しかし十五世紀全体を通し、銃砲は、槍などの従来の攻撃用兵器のかげにかくれて、その使用量は一対三にすぎなかった。

　しかし十六世紀の終わりでは、火器と他の兵器との使用量の比は一対一となった。とくにスペイン軍が小銃の使用に熱心であり、アルバ公は一五二五年、小銃装備の新鋭部隊を率いて、イタリアのパヴィア付近で大勝利をおさめた。他の国では、それほどの発展は、見られなかった。たとえば、ドイツでは一五七三年に四〇〇〇〇人の兵士のうち、槍をもつものが二五〇〇人、小銃をもつものが一五〇〇人、つまり五対三という低い比率であった」。

しかし、小銃は三十年戦争を境に急激に発展し、とくに銃剣が導入された十七世紀以後は、兵器の王座を占めるにいたった。

ゾンバルトはそのありさまを、こう記している。

「十七世紀の末期、ある発明が火器の完全な勝利を決定した。それは一六八〇年と一七〇〇年の間に導入された銃剣であった。一つの武器のなかに両要素、すなわち突き刺すことと、射撃することが統合されることによって、武器の分裂が解消された。それと同時に、重いマスケット銃〔十六世紀頃の火縄式小銃〕が、ずっと軽いライフル銃〔火打ち石銃〕にとってかわったブランデンブルク＝プロイセンでは、槍兵が大選帝侯の治下に完全に消滅した。フランスでは、十七世紀の末まで歩兵の半分が、そしてルイ十四世の治世の末期まで歩兵の全員が、攻撃用兵器として銃剣付きのライフル銃をもつようになった」。

その後の小銃の発達――火縄銃が撃発銃、針発銃になることなど――も述べられているが、ともかくこれだけの実例でも、ゾンバルトが個々の兵器の発達や、軍需産業の動きに、きめこまかい目くばりをしていることがうかがわれよう。本書を読めば、とくにヨーロッパのすぐれた戦争文学、たとえばアレクサンドル・デュマ『三銃士』やトルストイ『戦争と平和』がずっと面白く感じられるようになるだろう。

現代史とくに日本との関連

ゾンバルトは本書のなかで、戦争が資本主義をとくに促進した時代を、近代的軍隊創設の頃から十八世紀末まで（ナポレオン戦争前まで）と述べている。だが、遅れて資本主義を発展させた近代日本には、本書の論旨はかなり適中する面があると思う。

日本では周知のように、明治維新以降、廃藩置県、西南戦争を経て、国民皆兵という徴兵制度にもとづく天皇制軍隊が生まれた。日本では軍隊の育成にあたって武器生産にはげみ、とくに重工業面では、政府が音頭をとって鉄鋼の生産、造船など陸海軍の需要に応じる工業の促進に力を入れた。

日清戦争、日露戦争は、日本にとって過重の戦費を強いることになったが、これらの戦争は日本の資本主義に拡大の気運をもたらした。いわゆる富国強兵政策の実現である。

とくに一流海軍国をめざした日本では造船がさかんになった。日本の造船業の中心をなしたのは、横須賀、呉などの各海軍工廠《こうしょう》のほか、民間では三菱の長崎造船所、川崎造船所などだったが、一八九八年、三菱長崎造船所で竣工した常陸丸などは当時の世界水準を凌駕していたといわれる。

また日本の造船所では、官民ともに、たんに船舶の舶用汽罐《きかん》を建造するばかりでなく、陸上機械をも生産する態勢をとった。

艦艇以外の兵器の生産では、主として陸海軍の工廠を中心に行われたが、世界的な爆発力をもつと言われた下瀬火薬が一八八八年に発明されたほか、各種の銃砲等の生産が活発に行われるようになった。またこれらの兵器や軍需品の生産は民間工場でもさかんになった。

このあたりまでの発展は、まさに、本書に見られる、イギリス、フランスの造船など、軍需産業の発展史と一脈相通ずるところがあるが、ともあれ日本の資本主義の歩みには、あまりにも軍事優先が目立った。そしてこれが日本工業の発展に後年にいたるまで跛行的性格、不均衡性を与えた。戦前の日本の工作機械工業や金属工業などは欧米列強にくらべて見劣りがした。

しかも日本には閉鎖的な融通性の欠如がみられた。たしかに日露戦争から太平洋戦争にかけて日本の兵器生産は拡大され、航空母艦、酸素式魚雷、零戦などすぐれた兵器も出現した。しかし三年半に及ぶ太平洋戦争の間、鎖国状態にあった日本では軍事技術はまったく進歩せず、他方、性能を数倍にのばしたアメリカ軍の兵器（とくに航空機）によって攻撃され、日本軍は壊滅し、降服への道を歩んだ。この戦争のおかげで、日本人の国民生活は圧迫され、アメリカ軍機の空襲により日本全土は焦土と化した。太平洋戦争は日本の資本主義にとって最大の害悪であったといえよう。

しかし戦後の日本経済の発展の歩みを見ると、どん底にあった日本の経済は、なんとよその国の戦争によって大いに強化された。朝鮮戦争とベトナム戦争による特需がその原因の一つである。ゾンバルトの、「戦争は資本主義を発展させる」というテーゼがいみじくも立証された感がある。

もちろん最近では米露などの大国を含め各国が、軍備の負担によって経済、とくにその財政状況を悪化させており、軍事費は経済にとってマイナスであるという見方が強まっている。しかし、歴史の一時期、それも近代のみならず現代でも特定の時期、特定の地域においては、ゾンバルトの理論が通用する場合もある。そうしたことを念頭に置いて本書をひもとくことも無意味ではないと思う。

なお、本書の原本は一九九六年に論創社より出版されたが、このほど講談社学術文庫の一冊として再出版される運びとなった。この再出版を機会に、訳者はあらためて訳語のあやまりを正し、訳文の拙劣な部分を改善すべくつとめた。

また本書が最初出版されてから早くも十五年以上の歳月がたち、その間にアフガニスタン、イラクなど、世界各地ではげしい戦闘があとをたたない。そのうえリーマン・ショックなどによる世界経済の不況も問題になっている。そうしたことからしても、本書は戦争と資本主義の相関関係を再認識するよすがとなると思う。

最後に、本書の文庫版刊行を実現してくださった講談社の皆さんに、厚く御礼を申し上げたい。

二〇一〇年五月

金森誠也

KODANSHA

本書の原本は、一九九六年に論創社より刊行されました。

ヴェルナー・ゾンバルト（Werner Sombart）

1863～1941　ドイツの経済学者，社会学者。ベルリン商科大学教授，ベルリン大学教授を歴任。著書に『近代資本主義』等がある。

金森誠也（かなもり　しげなり）

1927年，東京生まれ。東京大学文学部卒業。広島大学・静岡大学・日本大学等の教授を歴任。日本独学史学会賞受賞（1993年）。訳書にゾンバルト『恋愛と贅沢と資本主義』『ブルジョワ』ほか多数。2018年没。

講談社学術文庫

定価はカバーに表示してあります。

戦争《せんそう》と資本主義《しほんしゅぎ》

ヴェルナー・ゾンバルト

金森誠也《かなもりしげなり》 訳

2010年6月10日　第1刷発行
2022年11月8日　第5刷発行

発行者　鈴木章一
発行所　株式会社講談社
東京都文京区音羽 2-12-21 〒112-8001
電話　編集（03）5395-3512
販売（03）5395-4415
業務（03）5395-3615

装　幀　蟹江征治
印　刷　株式会社広済堂ネクスト
製　本　株式会社国宝社
本文データ制作　講談社デジタル製作

ISBN978-4-06-291997-5

「講談社学術文庫」の刊行に当たって

これは、学術をポケットに入れることをモットーとして生まれた文庫である。学術は少年の心を養い、成年の心を満たす。その学術がポケットにはいる形で、万人のものになることは、生涯教育をうたう現代の理想である。

こうした考え方は、学術を巨大な城のように見る世間の常識に反するかもしれない。また、一部の人たちからは、学術の権威をおとすものと非難されるかもしれない。しかし、それはいずれも学術の新しい在り方を解しないものといわざるをえない。

学術は、まず魔術への挑戦から始まった。やがて、いわゆる常識をつぎつぎに改めていった。学術の権威は、幾百年、幾千年にわたる、苦しい戦いの成果である。こうしてきずきあげられた城が、一見して近づきがたいものにうつるのは、そのためである。しかし、学術の権威を、その形の上だけで判断してはならない。その生成のあとをかえりみれば、その根は常に人々の生活の中にあった。学術が大きな力たりうるのはそのためであって、生活をはなれた学術は、どこにもない。

開かれた社会といわれる現代にとって、これはまったく自明である。生活と学術との間に、もし距離があるとすれば、何をおいてもこれを埋めねばならない。もしこの距離が形の上の迷信からきているとすれば、その迷信をうち破らねばならぬ。

学術文庫は、内外の迷信を打破し、学術のために新しい天地をひらく意図をもって生まれた。文庫という小さい形と、学術という壮大な城とが、完全に両立するためには、なおいくらかの時を必要とするであろう。しかし、学術をポケットにした社会が、人間の生活にとってより豊かな社会であることは、たしかである。そうした社会の実現のために、文庫の世界に新しいジャンルを加えることができれば幸いである。

一九七六年六月

野間省一

政治・経済・社会

マックス・ウェーバー著／濱島《はましま》　朗《あきら》訳・解説
社会主義
歴史は合理化の過程であるというウェーバーは、マルクスの所有理論に基づく資本主義批判に対して、支配の社会学が欠如していることを指摘し、社会主義の歴史的宿命は官僚制の強大化であると批判する。

511

E・F・シューマッハー著／小島慶三・酒井　懋《つとむ》訳
スモール イズ ビューティフル　人間中心の経済学
一九七三年、著者が本書で警告した石油危機はたちまち現実のものとなった。現代の物質至上主義と科学技術の巨大信仰を痛撃しながら、体制を超えた産業社会の病根を抉った、予言に満ちた知的革新の名著。

730

E・デュルケム著／井伊玄太郎訳
社会分業論（上）（下）
機械的連帯から有機的連帯へ。個人と社会との関係において分業の果たす役割を解明し、幸福の増進と分業との相関をふまえ分業の病理を探る。闘争なき人類社会への道を展望するフランス社会学理論の歴史的名著。

873・874

中村勝己著
世界経済史
ギリシア・ローマの古代から中世を経て近代に至る東西の経済発達史を解説。とくに資本主義の成立とその後の危機を掘り下げ、激変する世界経済の行方を示す好著。経済の歩みで辿る人類の歴史―刮目の経済史。

1122

中村隆英著
昭和恐慌と経済政策
経済史の泰斗が大不況の真相を具体的に解明。金輸出解禁をきっかけに勃発した昭和恐慌。その背景には井上準之助蔵相の緊縮財政と政党間の対立抗争があった。平成不況の実像をも歴史的に分析した刮目の書。

1130

J・R・ヒックス著／新保　博・渡辺文夫訳
経済史の理論
古代ギリシアの都市国家を分析し、慣習による非市場経済から商人経済が誕生した背景を証明。その後の市場経済の発展と、現代の計画経済との並立を論述した名著。理論経済学の泰斗が説いた独自の経済史論。

1207

政治・経済・社会

アダム・スミス　自由主義とは何か
水田　洋著

自由主義経済の父A・スミスの思想と生涯。英国の資本主義勃興期に「見えざる手」による導きを唱え、経済学の始祖となったA・スミス。その人生と主著『国富論』や『道徳感情論』誕生の背景と思想に迫る。

1280

スモール イズ ビューティフル再論
E・F・シューマッハー著／酒井　懋《つとむ》訳

人間中心の経済学を唱えた著者独特の随筆集。ベストセラー『スモール イズ ビューティフル』以後に雑誌に発表された論文をまとめたもの。人類にとって本当の幸福とは何かを考察し、物質主義を徹底批判する。

1425

恋愛と贅沢と資本主義
ヴェルナー・ゾンバルト著／金森誠也訳

資本主義はいかなる要因で成立・発展したか。著者はかつてM・ウェーバーと並び称された経済史家。「贅沢こそが資本主義の生みの親の一人であり、人々を贅沢へと向かわせたのは女性」と断じたユニークな論考。

1440

プラトンの呪縛
佐々木　毅著

理想国家の提唱者か、全体主義の擁護者か。西欧思想の定立者・プラトンをめぐる論戦を通して、二十世紀の哲学と政治思想の潮流を検証し、現代社会に警鐘を鳴らす注目作。和辻哲郎文化賞、読売論壇賞受賞。

1465

現代政治学入門
バーナード・クリック著／添谷育志・金田耕一訳（解説・藤原帰一）

「政治不在」の時代に追究する、政治の根源。政治は何をなしうるか。我々は政治に何をなしうるか。そして政治とは何か。現代社会の基本教養・政治学の最良の入門書として英国で定評を得る一冊、待望の文庫化。

1604

君主論
ニッコロ・マキアヴェッリ著／佐々木　毅全訳注

大文字版

近代政治学の名著を平易に全訳した大文字版。乱世のルネサンス期、フィレンツェの外交官として活躍したマキアヴェッリ。その代表作『君主論』を第一人者が全訳し、権力の獲得と維持、喪失の原因を探る。

1689

《講談社学術文庫　既刊より》

政治・経済・社会

ジョン・メイナード・ケインズ著／山形浩生訳
お金の改革論
インフレは貯蓄のマイナスをもたらし、デフレは労働と事業の貧窮を意味する――。経済学の巨人は第一次世界大戦がもたらした「邪悪な現実」といかに格闘したか。『一般理論』と並ぶ代表作を明快な新訳で読む。

2245

バルザック著／鹿島　茂訳・解説
ジャーナリストの生理学
今も昔もジャーナリズムは嘘と欺瞞だらけ。大文豪が新聞記者と批評家の本性を暴き、徹底的に攻撃する。バルザックは言う。「もしジャーナリズムが存在しないなら、まちがってもこれを発明してはならない」。

2273

松原岩五郎著（解説・坪内祐三）
最暗黒の東京
明治中期の東京の貧民窟に潜入した迫真のルポ。残飯屋とは何を商っていたのか？　人力車夫の喧嘩はどんなことで始まるのか？　躍動感あふれる文体で帝都の貧困と格差を活写した社会派ノンフィクションの原点。

2281

ヴェルナー・ゾンバルト著／金森誠也訳
ユダヤ人と経済生活
資本主義を発展させたのはユダヤ教の倫理であって、プロテスタンティズムはむしろ阻害要因でしかない！　ヴェーバーのテーゼに真っ向から対立した経済学者の代表作。ユダヤ人はなぜ成功し、迫害されるのか……。

2303

ソースティン・ヴェブレン著／高　哲男訳
増補新訂版　### 有閑階級の理論
産業消費社会における「格差」の構造を、有史以来存在する「有閑階級」をキーワードに抉り出す社会経済学の不朽の名著！　人間精神と社会構造に対するヴェブレンの深い洞察力は、ピケティのデータ力を超える。
2308

竹内　洋著
立志・苦学・出世　受験生の社会史
日本人のライフ・コースに楔《くさび》のように打ち込まれている「受験」。怠惰・快楽を悪徳とし、雑誌に煽られてひたすら刻苦勉励する学生たちの禁欲的生活世界を支え続けた物語とはいったい何だったのかを解読する。

2318

政治・経済・社会

立憲非立憲
佐々木惣一著（解説・石川健治）

京都帝大教授を務め、東京帝大の美濃部達吉と並び称された憲法学の大家・佐々木惣一が大正デモクラシー華やかなりし頃に世に問うた代表作。「合憲か、違憲か」の対立だけでは、もはや問題の本質はつかめない。

2366

人間不平等起源論　付「戦争法原理」
ジャン＝ジャック・ルソー著／坂倉裕治訳

身分の違いや貧富の格差といった「人為」で作り出された不平等こそが、人間を惨めで不幸にする。この不平等の起源と根拠を突きとめ、不幸を回避する方法とは？　幻の作品『戦争法原理』の復元版を併録。

2367

ブルジョワ　近代経済人の精神史
ヴェルナー・ゾンバルト著／金森誠也訳

中世の遠征、海賊、荘園経営。近代の投機、賭博、発明。そして宗教、戦争。歴史上のあらゆる事象から、企業活動の側面は見出される。資本主義は、どこから始まり、どう発展してきたのか？　異端の碩学が解く。

2403

革命論集
アントニオ・グラムシ著／上村忠男編・訳

イタリア共産党創設の立役者アントニオ・グラムシの、本邦初訳を数多く含む待望の論集。国家防衛法違反の容疑で一九二六年に逮捕されるまでに残した文章を精選した。ムッソリーニに挑んだ男の壮絶な姿が甦る。

2407

新しい中世　相互依存の世界システム
田中明彦著

冷戦の終焉、覇権の衰退、経済相互依存の進展。激動する世界はどこに向かうのか――。歴史的な転換期にあるポスト近代の世界システムを、独自の視点により理論と実証で読み解いた、サントリー学芸賞受賞作。

2441

国家の神話
エルンスト・カッシーラー著／宮田光雄訳

稀代の碩学カッシーラーが最晩年になってついに手がけた畢生の記念碑的大作。独自の「シンボル（象徴）」理論に基づき、古代ギリシアから中世を経て現代に及ぶ壮大なスケールで描き出される怒濤の思想的ドラマ！

2461